本书的研究受到以下基金资助：

国家社会科学基金：
近代中国本土城乡规划学演变的学科史研究（14BZS067）

国家自然科学基金青年基金：
中国本土近现代城市规划形成的研究——以清末民初地方城市建设与规划
为主（1908—1926）（51408533）

沈阳近代城市规划
历史研究

王 骏 李百浩 著

山东人民出版社

国家一级出版社 全国百佳图书出版单位

图书在版编目（CIP）数据

沈阳近代城市规划历史研究 / 王骏，李百浩著. --济
南 ：山东人民出版社，2017.7
ISBN 978-7-209-10937-6

Ⅰ．①沈… Ⅱ．①王… ②李… Ⅲ．①城市规划－城市
史－研究－沈阳－近代 Ⅳ．①TU984.231.1

中国版本图书馆CIP数据核字(2017)第162215号

沈阳近代城市规划历史研究

SHENYANG JINDAI CHENGSHI GUIHUA LISHI YANJIU

王 骏 李百浩 著

主管部门 山东出版传媒股份有限公司
出版发行 山东人民出版社
社　　址 济南市胜利大街39号
邮　　编 250001
电　　话 总编室 (0531) 82098914
　　　　 市场部 (0531) 82098027
网　　址 http://www.sd-book.com.cn
印　　装 山东省东营市新华印刷厂
经　　销 新华书店

规　　格 16开（169mm×239mm）
印　　张 16.5
字　　数 260千字
版　　次 2017年7月第1版
印　　次 2017年7月第1次
印　　数 1-1000
ISBN 978-7-209-10937-6
定　　价 42.00元
　　　　如有印装质量问题，请与出版社总编室联系调换。

目 录
CONTENTS

绪 论 ……………………………………………………………… 001

第一章 近代以前沈阳的城市规划与发展 ……………………… 019
  第一节 明代以前沈阳的行政主体变化与城市规划 …………… 021
  第二节 明代辽东地区的辖治体制与沈阳中卫城的建立 ……… 028
  第三节 清代满洲共同体的建立与盛京城的规划 ……………… 031
  小 结 ……………………………………………………………… 042

第二章 沈阳近代行政主体的演变与近代城市规划的发展 …… 043
  第一节 沈阳近代行政主体的演变 ……………………………… 045
  第二节 沈阳近代城市规划发展的历史分期及其主要内容 …… 048
  第三节 沈阳近代城市规划发展的影响因素 …………………… 059
  小 结 ……………………………………………………………… 063

第三章 晚清政府的沈阳城市规划（1903—1911）…………… 065
  第一节 晚清沈阳地区的政治统治与城市规划行政 …………… 067
  第二节 晚清时期的沈阳城市规划历程与内容 ………………… 070
  第三节 晚清时期沈阳城市规划特征分析 ……………………… 078
  小 结 ……………………………………………………………… 080

第四章 "南满洲"铁道株式会社的沈阳"满铁"
      附属地城市规划（1905—1937）………………………… 081
  第一节 "南满洲"铁道株式会社与"满铁"附属地 …………… 083

第二节 "满铁"附属地的殖民统治及其分期 ································ 091

第三节 沈阳附属地的城市规划历程与内容 ································ 095

第四节 与"满铁"株式会社时期的东北重要城市的比较 ·········· 110

第五节 沈阳"满铁"附属地的城市规划特征分析 ····················· 113

小 结 ·· 124

第五章 北洋政府奉系时期的沈阳城市规划（1912—1931）········· 127

第一节 北洋政府奉系时期的政治统治与城市规划行政 ············ 129

第二节 奉系时期的沈阳城市规划历程与内容 ························· 136

第三节 与奉系时期的东北重要城市的比较 ····························· 164

第四节 奉系时期沈阳城市规划特征分析 ································· 167

小 结 ·· 174

第六章 伪满洲国的沈阳城市规划（1932—1945）····················· 177

第一节 何谓伪满洲国 ··· 179

第二节 伪满洲国的殖民统治与城市规划行政 ························· 182

第三节 伪满洲国的沈阳城市规划历程与内容 ························· 187

第四节 与东北沦陷时期的东北重要城市的比较 ····················· 213

第五节 伪满洲国沈阳城市规划的特征分析 ····························· 225

小 结 ·· 230

第七章 结 语 ··· 231

第一节 总 结 ··· 233

第二节 展 望 ··· 235

参考文献 ·· 237

附 录 ·· 253

绪　论

一、选题价值

作为行政学基础的"行政"①主要是指政府的管理活动，行政主体则是指享有国家行政权，能以自己的名义行使行政权，并能独立承担责任的组织。行政作为国家的管理活动，内在地包含着"政治"和"管理"两方面。"政治是国家意志的表达，行政是国家意志的执行"②，自从有了国家以来，便有了政府管理社会公共事务的行政活动。城市规划就是国家为完成行政任务而广泛使用的一种行政手段。从城市规划自身发展的历程来看，城市规划的历史有两种形式：一是关于城市规划的理想城市提案，这种提案被称为"理想城市规划"；二是作为一种行政制度的城市规划，这种规划被称为"行政城市规划"。任何一个规划都会有其发展的目标和理想的追求，也都有实现的基础、条件和手段，而代表权力意志的行政力量是实现城市规划理想的最直接手段。中国古代城市的规划性是政治行政干预的结果，这是中国古代城市的一个特点。19世纪末20世纪初，由于西方资本主义的楔入，城市的经济基础开始发生变化，作为上层建筑的城市行政必然要随之变革。③城市的政治行政功能对城市的发展及城市规划的实施起着重要的作用。随着城市工商业的发展和新兴阶级的兴起，人们逐渐要求行政体制与以上二者相适应。近代中国城市行

---

① 在行政学中，行政与行政管理这两个概念是通用的。

② 古德诺·弗兰克·J.（Goodnow Frank J., 1859—1939），美国行政学家，他于1900年发表的《政治与行政》一书中提出此著名观点。

③ 何一民.近代中国城市发展与社会变迁（1840～1949年）[M].北京：科学出版社，2004:252.

政的早期现代化就是在西方城市正在兴起的城市行政科学化、民主化、法制化的潮流中开始起步的，并深受其影响。

中国近代的城市，由于受到政治行政以及经济因素的多元化影响，加之中国近代政治、经济在不同地区发展的不平衡性，因此在其发展过程中分为不同的类型。对于城市类型的划分主要包括两种，一种是按城市的社会性质，一种是按城市的功能。目前，学术界中多依据城市功能对城市进行分类。近代中国按城市功能划分主要有以下几种类型的城市：综合性多功能中心城市，如上海、天津；开埠通商城市，如厦门、宁波；新兴工矿城市，如无锡、鞍山；新兴交通枢纽城市，如郑州、武汉；港口贸易城市，如大连、秦皇岛；双重功能的传统中心城市，如北京、南京。因其类型不同，城市规划的发展也随之不同。城市规划按主体的变化一般分为两类：一类是在发展中城市行政主体一直比较稳定的；另一类在近代化过程中受到帝国主义的侵略和本国资本主义发展的影响，城市行政主体因此发生更迭，各主体分别通过不同的行政命令和手段左右城市规划建设，制定城市规划制度，近代城市规划的过程与内容由此体现出不同的政治、经济统治的特征，在近代时期形成了多样化的城市风貌与空间格局。

沈阳[①]就是第二种类型的典型代表，在中国近代城市发展中独树一帜，有着极其重要的地位。它的发展与政治行政的关系比较密切。近代之前，沈阳历经西汉侯城、明朝军事卫城阶段，逐步发展为清朝开国都城，成为清朝在辽东地区的政治和经济中心；鸦片战争之后，沈阳在从传统城市向近代城市发展的过程中，又历经沙俄东省铁路公司（1898—1905）、晚清政府盛京将军和奉天行省公署（1903—1911）、"南满洲"铁道株式会社（1905—1937）、北洋政府奉系（1912—1931）、伪满洲国（1932—1945）、国民政府（1946—1948）等行

---

① 沈阳：辽太祖耶律阿保机兴建沈州城，沈州是沈阳最早的名称。1634年，后金汗皇太极赐名沈阳"天眷盛京"，简称"盛京"。1657年，清世祖顺治在盛京城内设奉天府，自此奉天之名正式出现，并一直沿用至民国的北洋政府时期。1929年，南京国民政府改奉天市为沈阳市。1932年伪满洲国再将沈阳市改为奉天市。1945年南京国民政府再次将奉天市改为沈阳市，后沿用至今。

政主体的交替或并置，发展为中国近代东北地区的工商业中心城市；现代的沈阳已经成为中国六大国家区域中心城市之一、东北亚重要城市等。

因此，本研究将沈阳近代城市规划的发展置于政治行政的范畴内进行分析探讨，总结沈阳规划发展的特征，确立其作为中国近代城市规划中特殊案例的历史地位，丰富中国近代城市规划史的研究内容与类型，并为今后城市规划的发展提供新的思路与方法。

（一）研究目的

1.美国城市规划理论家刘易斯·芒福德曾说过"真正影响城市规划的，是深刻的政治和经济的变革"。近代城市规划的产生，从根本上来说是由于工业革命的产生。18世纪的工业革命在带来生产力飞速发展的同时，使资本主义生产方式扩展到全球，中国随着资本主义的殖民扩张被卷入工业文明的潮流中。随着列强的殖民侵略与资本主义工商业的发展，中国的政治、经济、行政及城市性质、城市功能与形态都发生了巨大的变化，独立、统一的中国开始逐步沦为半殖民地、半封建社会，城市规划的活动也随之改变。近代中国政府的城市规划活动是中国近代城市规划史中的重要部分，外国殖民者的城市规划作为外来的影响，虽然其在本质上是服务于殖民的，但是对于中国近代城市形成与发展的促进作用也是不容忽视的。以行政主体为主的城市规划服务于统治阶级的利益与意愿，属于行政城市规划。

2.在中国近代城市规划发展的过程中，沈阳的规划发展具有特殊性，主要表现在以下几方面：既有中国政府主导下的传统城区的更新改造以及新市区的开发建设规划活动，形成了"从街道到马路的城市改造以及从马路到街区的新区开发"[①]，又有日本殖民者引入西方近代城市规划理论，在现代科学和工业技术发展基础上确定城市主要功能，整合多元拼贴的城市空间，奠定城市发展的格局；既有强调自主的城市建设管理、体现民族主义的城市规划，形成了近代城市发展的沈阳模式，又有为殖民统治服务、强调空间掠夺的殖民主义城市规划；既有不同时期多个行政主体权力对峙、竞相发展的局部城市规划，又有

---

① 李百浩，郭建.中国近代城市规划与文化［M］.武汉：湖北教育出版社，2008:14.

唯一主体全面统治进行的总体城市规划。沈阳的近代城市规划在中国近代是极具代表性的。

根据沈阳近代复杂的政治环境与多样的权力关系背景，通过全面考察其城市发展与城市规划行政演变的历史过程，探讨近代以来城市在传统势力、地方割据势力、民族资产阶级势力以及外国殖民势力等几方势力下所受到的错综复杂的影响，对沈阳近代城市规划历程进行准确的特点分析与定位，梳理出不同时期行政主体下的政治、经济统治与社会发展思想等多因素对城市规划的影响，从而了解沈阳在整个中国近代城市中的特殊地位与典型特征，为沈阳现代城市化发展及区域城市体系的建设提供历史和理论根据。

（二）现实意义

1.城市是经济、社会发展的载体，在整个国家的发展中处于中心地位，发挥着主导作用，没有城市的近现代化，就谈不上国家政治、经济等各个方面的近现代化。在城市建设与管理中，首先需要注重城市规划，而城市规划行政又是城市规划中最重要的因素之一。行政是政府的管理活动，城市规划行政则是城市政府行政管理的一个重要组成部分，具有行政管理的一般特征。它作为政府的一项职能，体现了政府对于城市社会、经济发展的意图。在近代时期中国城市发展具有不平衡性，这决定了各个城市的发展速度、规模以及建设的内容也不尽一致，因此在制定城市规划中一定要适应地方特点。行政领导是行政组织中的领导者，是整个行政组织运作的发动者，是行政决策和发展战略的制定者，他们的能力、方法以及决策等，在很大程度上决定了城市发展以及战略质量的高低。中国近代的城市规划，不管是中国政府，还是外国殖民者所制定的规划，执政的领导者都是其中关键的因素，决定了城市规划发展的方向，其中的规划既有顺应城市规划发展规律的，也有违背城市规划发展规律的。因此基于行政主体的视野，从行政领导、行政体制、行政机构及运行等方面，探讨其与中国近代城市规划发展的关系，将为现代城市规划行政与管理等提供思路与方向。

2.沈阳素有"一朝发祥地，两代帝王都"之称，是辽宁省的省会、东北地区最大的国际大都市，是东北地区政治、金融、文化和旅游中心，是中国最重要的重工业基地，也是多民族文化交汇融合的地方。同时，沈阳是中国近代政治形势最为复杂、矛盾最为突出的中心地区之一，其间城市行政主体频繁更迭，势力范围重叠或并立，沈阳经历了日俄战争、皇姑屯事件、东北易帜以及九一八事变等中国近代史上具有标志性意义的历史事件。这种多元化的政权主体与复杂的政治形势一方面促进了近代沈阳城市的发展，另一方面对其城市规划的理论、制度以及实践产生了重要的影响，并为现代沈阳城市发展的空间格局奠定了基础。因此，要着重分析城市行政的决策者以及其代表的城市意志，即该时期政治精英的现代化目标、国家政权和文化建设的理想以及各行政主体的意识形态等主观因素对于城市空间的变化所起的特殊作用，从而更好地掌握城市规划的发展以及城市空间的演变规律。

3.中华人民共和国成立以来，沈阳是国家重点建设的全国重工业基地。2016年11月，由国家发展和改革委员会制定的《东北振兴"十三五"规划》由国务院批复通过，同时根据《辽宁省旅游发展总体规划（2008—2020年）》和《沈阳市城市总体规划（2011—2020年）》，国家要把沈阳重点建成立足东北、服务全国、面向东北亚的国家区域中心城市。在这种目标下，城市的发展有了新的机遇。而建设国家区域中心城市需要有正确的理论研究作为指导，基于行政主体视野下的沈阳近代城市规划发展研究不仅有助于清晰把握行政学与城市规划学的重要性，同时还有助于梳理中国内在因素与西方外来思想对于城市规划制定、实践以及发展的影响，以此为沈阳现代城市发展提供理论指导。

4.深化中国近代城市规划历史研究。由于受到地域、文化等因素的制约，因此学者对东北近代城市的研究往往着重于殖民建设的影响，而忽视政治权利、规划行政、管理与城市发展建设的关系。本次研究以沈阳为例，涉及政治、行政、制度与城市规划相互关系的几个方面，可以更好地充实关于沈阳城市规划发展的研究体系。

综上，深入研究沈阳近代时期城市规划，分析社会政治、城市规划思想、规划发展与变革的表达、探索与实践，乃至对地方城市近代化以及中国城市及规划现状形成的影响，有利于揭示近代城市规划发展演变的规律和走向，丰富对中国本土近现代城市规划形成的思想来源和发展脉络的认知。同时，有利于完善城市规划史学研究体系，服务当代城市建设。

二、学术史回顾与文献解读

（一）国外城市规划史研究

西方对于城市规划史的研究源于20世纪60年代至70年代，主要阵营在英国、美国，受城市史及社会史左右，以规划思想的研究为主，未能树立独特的研究与记录风格。20世纪70年代至90年代，经济史、地方史、人物史、断代史等学科的研究为城市规划史的发展提供了广阔的背景，形成了多学科的交叉研究，并开始以规划过程研究为核心，国际规划研究组织建立，如Planning History Group（1974）、Society for American City and Regional Planning History（1986）、International Planning History Society（1993），规划史研究逐渐走向国际化、系统化以及规范化。同时关于规划学科发展与规划史研究的出版物及论文逐步增多，主要集中于英国与美国，其他一些欧美和大洋洲的国家也开始重视城市规划史的研究，如Planning Perspectives（1986）、Planning History（1993）、Cherry（1972、1988）、Sutcliffe（1980、1981）。20世纪90年代中期以后，城市规划史研究进入成熟阶段。一方面主流规划史逐步走向成熟，标志是对规划史的研究开始进行回顾与展望，走入了学科的哲学领域：研究定性、本体论、方法论、研究意义等[①]，同时出现了对城市规划进行批判的非主流规划史。另一方面研究者从各自的角度对这个时期的城市规划进行诠释，形成了"领域扩大→深度加强→课题拓展"的演变过程。21世纪以来，在全球化浪潮的冲击下，规划史研究已经形成比较全面的体系，对该研究的探索也有了多样的角度与方向，既有对全球各地区不同时期规划的总体研究，也有对单个地区的专门国别断代史研究。除英、美两个规划史研究大国，日本的经验同样值得借鉴，如越泽明的殖民主义（1982）、石田赖房的规划通史（2004）、藤森照信的行政规划史（2004）以及中岛直人的规划人物（2009）等，他们开始关注对于城市规划本质的深刻认识和理解。

---

① 曹康.西方现代城市规划简史［M］.南京：东南大学出版社，2010:8.

（二）国内城市规划史研究

中国对于近代城市规划史的研究主要以近代城市发展与城市规划为主。笔者通过检索读秀学术与中国期刊网全文数据库，检索到1980年至2016年与"近代城市发展史"和"近代城市规划"主题相关的图书为88本，期刊为187篇，学位论文为74篇，会议论文为20篇。中国近代城市规划史研究的经典著作和萌芽即1982年中国建筑工业出版社出版的董鉴泓先生的《中国城市建设史》，本书为后来的规划史研究奠定了重要的学术基础。从20世纪90年代中期开始，随着中国近代建筑史以及城市史方面研究的不断展开，近代城市规划历史的研究成果逐渐增多，包括通史、思想、法律、人物、文化等研究视角（朱自煊，1989；孙施文，1995；李百浩，1995；罗玲，1999；于海漪，2005；李东泉、周一星、刘亦师，2006；杨宇振，2007；王亚男，2008；任云英，2009；练育强，2011；牛锦红，2011；张兵，2013；张松，2013；曹康、刘昭，2013；张京祥、罗震东，2013；侯丽、王宜兵，2015等）。这些成果为本书的研究提供了良好的指导基础。

从2009年至2016年，中国城市规划学会与东南大学建筑学院已经举办了8次"城市规划历史与理论学术研讨会"。2012年9月，中国城市规划学会城市规划历史与理论学术委员会正式得到民政部批准，成为中国城市规划学会所属的专业性学术组织之一。该学术组织的成立，对于凝聚广大规划历史与理论研究工作者，传承城市文脉，总结发展历史，促进城市发展，开展城市规划历史、实践和理论研究具有重要的意义。

总的来说，我国近代城市规划的研究已经取得了较好的成果，但是由于中国近代城市研究的时空范围较大，仍需要一些规划实证研究作为支撑，总结近代城市规划在城市发展中的地位，提炼出结论性的认识，同时进行城市之间横向与纵向的比较研究。

（三）沈阳近代城市规划史研究

目前关于沈阳近代城市规划的研究主要以城市发展史、城市形态、地理学、社会学等方面成果居多，涉及以下两个方面：一是相关档案资料的整理，二是专题研究。将沈阳置于东北的整体环境中进行考察，进行包括市政建设、铁路建设、政治经济、地域风俗等涉及城市历史、社会、文化等多个方面的研究，这些都对沈阳近代城市面貌有一定的勾画。具体来说，主要包括以下几个方面内容：

1. 近代沈阳城市历史的研究。沈阳是一座历史文化悠久的名城，是近代中国省会，是铁路沿线、自开埠的典型城市，拥有2300多年的建城史，《沈阳城市史》与《沈阳三百年史》这两本著作比较详细地介绍了沈阳城市的历史演变，采用的主要是历史学的研究方法，偏重于从文史角度进行城市发展史研究。曲晓范的《近代东北城市的历史变迁》一书展示了东北近代城市的建筑空间规划模式、市政建设与管理等。其中以沈阳为研究对象，对日、俄等国在中东铁路附属地和"满铁"附属地规划建设进行了分析。但是对城市历史分期的划分没有涉及。赵学梅的《清末民初东北城市发展研究》对清末民初东北城市的发展演变过程、城市发展的推动因素及这一时期城市发展所表现出来的特点进行了考察探讨，研究方法属于历史地理学范畴。辽宁省档案局（馆）的《奉天纪事》一书参考了大量的档案文献和有关著述，同时选取了档案文献或历史照片作为插图，具实描述了沈阳在作为"奉天"名称时期城市的政治经济、文教体卫、市井人情等概况。这些著述对了解沈阳城市历史具有较好的指导价值。

2. 近代沈阳城市建设的研究。沈阳近代城市建设的研究目前主要集中于两部分，一是关于建筑的研究，一是关于城市规划建设的研究。对于沈阳近代建筑的研究，陈伯超等人的《中国近代建筑总览·沈阳篇》是从建筑史角度对沈阳近代建筑的普查，该书从建筑设计、景观设计角度对近代沈阳城市建设进行分析，对市区范围内重要建筑都有沿革和建筑风格等方面的说明。虽然与城市规划建设研究相比，对这一时期的建筑研究属于微观范畴，但是在一定程度上反映了城市建设的面貌，可以作为城市规划建设的例证。对于沈阳近代城市规划建设的研究，《沈阳城建志（1388—1990）》系统记录了沈阳城市建设各历史时期的成就和经验教训，其他大多将沈阳置于东北近代的整体环境下，分类别进行研究。其中吴晓松的《近代东北城市建设史》中沈阳部分分析了从明末清初至1945年沈阳地区城市形成、发展、演变的动因。书中没有涉及太多城市规划史本身的问题，也没有系统总结城市空间的形态特征，但是本书以城市发展史观点将近代工商业、交通、人口等历史条件考虑在内的研究方法值得借鉴。汤士安的《东北城市规划史》中对沈阳从古代到现代的城市形成与发展以及城市规划与建设情况，分别进行了系统分析总结，资料比较丰富，可帮我们获得对于沈阳城市发展的整体印象，但缺少相关城市间的横向比较，某些资料与数据也缺少确凿之处。王凤杰、刘丹的《1920年代沈阳城市建设发展述论》介绍了20世纪20年代沈阳以建立城市管理机构、完善城市基础设施和加强城市经济建设为主要内容的市政改革活动，对于研究这个时期的沈阳城市建设具有很大的帮助。

　　3.近代沈阳城市空间结构与形态的研究。目前学者从城市地理学角度，分析沈阳的城市空间结构与形态，在沈阳近代城市研究方面取得了一定的成果。邻艳丽的《东北地区城市空间形态研究》是对近代东北地区城市空间形态历史演变的一次总结，也是对城市空间形态这一科学命题的新探索。书中对东北近代城市空间形态进行了实证研究，其中以沈阳为例介绍了棋盘形城市的空间特点。王鹤的《近代沈阳城市形态研究》以沈阳及其他相关近代城市为研究对象，论述了近代东北地方政府与日本殖民势力所主导的不同城区的发展与衰落，将权力结构作为城市形态和近现代化过程中的重要影响因子，探讨了近现代城市形态的发展方向。冷红、袁青的《近现代东北城市规划理念及现实启示》在分析近现代东北城市建设相关历史背景的基础上，进一步研究了近现代城市规划与建设的不同理念以及由此衍生的不同城市空间形态和特色。刘泉的《近代东北城市规划之空间形态研究——以沈阳、长春、哈尔滨、大连为例》中选取了具有代表性的四个东北城市——沈阳、长春、哈尔滨和大连，以此作为研究对象，依据城市形态的相关理论，以一种新的方式，对近代东北城市的形成及演变进行了解读。曲晓范的《满铁附属地与近代东北城市空间及社会结构的演变》主要从历史地理学的角度介绍了"满铁"附属地的成立与发展演变，分析了其对东北近代城市化进程和社会结构的影响。王国义、李琳的《清代沈阳城市格局的特色研究》则是通过对历史资料的查阅与分析，结合对沈阳城市地图的剖析，分析清代沈阳内城外廓的整体形态，对理解老沈阳城市格局的独特艺术特征具有很好的指导作用。

4.近代东北铁路建设的研究。沈阳是中国近代东北铁路附属地的典型城市，随着中东铁路与"南满"铁路的建设而不断扩大与发展。铁路附属地是中国近代东北特有的现象，它与东北城市的政治、经济、文化等方面紧密联系。对铁路附属地的研究能够更好地把握城市规划建设的发展规律及特点。程维荣的《近代东北铁路附属地》中采用调查、分析比较等研究方法，在分析历史事件、历史人物与相关经济、政治、法律制度的同时，从整体上把握近代东北铁路附属地产生、发展与消亡的规律。其中详细介绍了"南满"铁路枢纽——沈阳铁路附属地，为本论文的研究提供了翔实的资料和理论基础。辽宁省档案馆编写的《满铁调查报告》第3辑主要是"满铁"调查课（1909—1925）时期形成的调查资料。本辑史料含有调查课于1909年至1912年进行的"南、北满洲"地区及"满蒙"交界地方法制、工商、交通、文化等情况的调查报告，具有重要的史料价值。王贵忠的《张学良与东北铁路建设——二十世纪初叶东北铁路建设实录》介绍了张学良对东北铁路建设所起的作用以及对东北城市的影响。

5.台湾学者关于东北近代的研究。在台湾，学者对于中国近代东北的研究主要以日本殖民下的"满洲"为对象，主要针对"满洲"政策、法制等内容进行研究。台湾师范大学陈丰祥的博士论文《近代日本大陆政策之研究——以满洲为中心》阐述了以"满洲"为中心的日本大陆政策的演变发展过程，分析了其阶段性的特征与风貌。台湾中国文化学院陈宝莲的硕士论文《1927—1931年日本"满洲政策"之探讨》叙述了1927年至1931年日本对中国的东北政策，重点探讨了关东军政策为何会成为日本国策的原因。台湾中国文化大学杨莉莉的硕士论文《张学良与日本在东北地区的扩张（1928—1931）》探讨了日本在东北地区的侵略最后演变成九一八事变的过程，重点分析了铁路问题及张学良的应对态度。台湾政治大学李貌华的硕士论文《东北铁路问题与中日关系》探讨从日俄战争到九一八事变期间，铁路对中日双方在东北势力消长的影响，并说明铁路对东北近代化的影响。这几篇论文主要是从政治、经济、法制的角度对东北地区进行的研究，虽没有涉及建筑与规划方面，但是为研究沈阳近代城市建设提供了翔实的背景资料。

6.海外学者关于东北近代的研究。目前，海外学者对于东北近代城市规划建设的研究范围在不断拓宽。其中日本学者以越泽明为代表，他编写的《中国东北都市计划史》对"满铁"在"南满"的附属地经营，从法规到实施情况有较为详细的说明，同时配以数据和图表，对史料的编选与组织也有值得借鉴之处。越泽明的另一本《伪满洲国首都规划》则分析了东北沦陷时期，日本在指导思想、技术规划、实施方案等方面对长春的殖民经营，同时对东京近代的城市规划设计及实施情况进行了详细的阐述，其研究成果对认识日本占领沈阳时期制定的规划思想和内容，进行对比研究具有一定的指导作用。除此之外，大连市图书馆现有的特色馆藏——"满铁"文献书目，如《奉天铁道附属地概观》、《满洲地志》及附图、《满洲土木建筑业兴信录》、《满洲国の建设をこ》等，这些均为"满铁"时期日本学者进行的一些著作研究，为本书提供了重要的史实资料。另外一些学者以研究城市发展为主，如美国学者Ronald Suleski发表的 *Regional Development in Manchuria*，*Civil Government in Warlord Tradition Modernization of Manchuria* 和 *Northeast China under Japanese Control*，哈佛大学Kenichiro Hirano的博士论文 *The Japanese in Manchuria 1906–1931: A Study of the Historical Background of Manchukuo*，这几篇文章主要是从历史人文与经济的角度介绍日本侵略东北时期东北的背景以及发展，涉及城市规划本身的内容很少。美国爱荷华大学 David Vance Tucker的博士论文 *Building "Our Manchukuo": Japanese City Planning, Architecture, and Nation–Building in Occupied Northeast China, 1931–1945* 从不同角度介绍了日本对伪满洲国的建设，分析了其背景与实质。英属哥伦比亚大学 William Shaw Sewell的博士论文 *Japanese Imperialism and Civic Construction in Manchuria: Changchun, 1905–1945* 则以长春为例，详细介绍日本殖民时期的国家意识对城市建设的影响，这些文章为本书的研究提供了一定的理论基础。

（四）存在的问题

综上所述，学者对于沈阳近代城市的研究主要分为两个方面：一是地方志书的汇编和近代规划历史文献的编写，二是从历史地理学、经济地理学等角度，将沈阳置于东北的环境中进行考察。尽管这些已有的学术成果为进一步的研究奠定了良好的基础，能够很好地帮助研究者理解沈阳城市的基本问题，但是在沈阳近代城市规划历史这个领域仍然存在一些欠缺：

1.目前对于沈阳近代城市规划史的研究，主要着眼于城市规划和建设的结果等问题，对于一些具体的历史因素给城市规划发展带来的影响，研究的相对较少，如政权建设目标、党派主张，甚至个人的文化背景与政治追求等因素涉及较少（如近代时期中国政治精英的现代化目标、国家政权和文化建设的理想以及不同行政主体的意识形态等主观因素，对于城市空间、城市功能、城市格局的变化所起的特殊作用等）。因此本研究试图探求一种多角度的城市规划史的研究方法，分析"行政改革、近代化奋斗、经济殖民"等背景下的沈阳近代城市规划发展与变革的理路及其表达形式，对沈阳近代城市规划历程进行准确的特点分析与定位。

2.现有的研究缺乏系统性，对贯穿沈阳近代城市规划的思想特征总结不够，对来自日、俄的近代城市规划思想和理论在沈阳城市建设上的反映，日、俄城市规划理论与传统的城市规划理念和技法的冲突与融合、继承与发展，日、俄城市规划理论在城市实施的可行性的认识等方面都还缺乏探讨。

3.同一时期相同行政主体与不同主体之间的城市比较研究不够，如军阀割据时期，沈阳与中国其他城市不同发展道路与规划建设的比较；日本殖民时期，沈阳与东北城市及东亚地区城市规划特征的比较，要通过比较研究得出沈阳近代城市规划发展的特殊性。

因此，本书需要在结合以上研究方法与现有研究不足的基础上，重点把握，对沈阳近代城市发展演变形成清晰的思路，进行近代城市规划历史的研究。

三、相关概念界定

（一）城市史

主要是由历史学家和社会学家合作完成的，属于社会史分支，把城市作为一个政治、经济、社会和文化的有机载体，研究和论述其在不同历史时期的运动过程，探索其作用、影响和发展规律。狭义的城市史为研究城市兴衰的历史，尤注重研究城市形态、城市结构、城市社区、市政的发展及其相关社会问题；比较广义的城市史研究则以城市作为大背景，但研究的重点不一定与城市发展直接相关。城市史研究的目的是通过研究城市的起源、历史发展和必然趋势，揭示城市的本质和规律。

（二）城市形成发展史

主要研究推动城市产生、发展的动力，以揭示城市布局、演变的历史规律为目的。按照城市形成发展史观点，城市可分为两类：一是具有雄厚的地理、社会、经济基础，自发演变发展的自然生长型城市；二是人为规划的规划建设型城市。并且，城市始终是通过内在固有的自然力与外来的规划力的互相调整、平衡、竞争而形成发展起来的。

（三）城市建设史

主要把城市作为一个由多种物质要素构成的综合体，以揭示城市物质建设过程及演变规律，通常包括建筑史、土木史、造园史、市政史以及城市建设技术、建设费用的演变等内容。

（四）城市规划史

主要以人为规划型城市为研究对象，以城市规划的理念、思想、内容、技术、行政、制度等方面的发展演变为主要研究内容，以揭示城市规划发展过程的演变规律为目的。通常包括政治史、行政史、制度史以及城市规划理论史等。城市规划史不仅要研究已经实现的规划，同时也要研究未实现的规划以及在实际建设中规划的变化情况。研究者通过对城市规划理论、思想乃至规划内容、方法、手段、制度的演变的认识，总结城市规划与城市发展及其他因素之间的相互关系，探讨城市规划进一步发展的可能性和方向。

四、研究构思

（一）研究内容

本课题将沈阳近代城市规划的发展置于政治行政的范畴内，对其内容及特征进行考察与分析，探讨这一时期城市行政与城市规划发展的关系及影响，明确沈阳在中国近代城市规划发展中的特殊地位。内容主要包括：

1.时间的界定。1898年沙俄掠取中东铁路修筑权,在沈阳建立铁路用地,形成了以铁路为轴、沙俄殖民势力与晚清政府对峙下的铁路附属地与传统城镇共同发展的城市格局,拉开了沈阳近代城市规划的序幕,直至1948年沈阳解放。这段时间为本书研究的重要时段。本书将19世纪中叶以前的时段确定为沈阳近代之前的城市形成及发展时期,主要明确沈阳从燕汉到清朝期间政治行政更迭下的城市规划与建设的演变规律。这部分研究内容是本书的基础部分。

2.空间的界定。沈阳在东北地区处于重要的地位,其在地缘政治与城市发展等方面与东北其他城市存在着非常密切的联系,区域历史的特征决定了沈阳城市发展的特殊性。同时沈阳近代城市规划活动在不同历史时期深受俄国、日本等国近代城市规划行政、理论、思想、制度、管理等方面的影响。在空间范围上,以发生在沈阳的近代城市规划活动为中心,侧重政治、行政、法规等方面,将沈阳置于中国近代城市发展的环境中,解析西方城市规划以及中国古代和近代城市规划对沈阳城市发展的影响。

3.主题的界定。近代沈阳的城市发展是在殖民入侵、中央集权以及地方自治三者之间的相互较量过程中完成的,其中又以奉系东北地方政府与日本殖民势力的权力对峙最为明显。在外国殖民势力入侵、中央政府妥协、地方势力兴起、殖民势力全面占领沈阳的政权演变过程中,在沈阳形成了近代城市发展的多元化行政主体与发展机制,并且在整个发展过程中,各主体都拥有与之相对应的空间载体,各自设立城市规划行政机关,建设独立的管理体系,发展城市建设,奠定了近现代沈阳城市规划发展的基础。在这种形势下沈阳城市在近代就完成了由中国传统陪都向现代化工商业都市及综合交通枢纽的转变。因此,从政治行政与殖民统治的分期及特征、城市规划的历程与内容、城市规划的特征以及与同时期重要城市的比较等各个方面,进行综合的分析研究,剖析沈阳在中国近代城市规划发展中行政主体、机构设置、理论与思想、行政干预以及管理等方面的独特性,是本课题的研究主题。

具体来说,本研究的主要内容有以下几个方面:

(1)近代之前沈阳的城市规划与建设;

(2)行政主体视野下的沈阳近代城市规划的发展历程与分期;

（3）晚清政府主导的城市行政与城市规划建设；

（4）日本殖民势力主导的城市行政与城市规划建设；

（5）地方政府主导的城市行政与城市规划建设；

（6）沈阳近代不同时期的城市规划特征分析。

（二）研究重点

沈阳近代城市规划的发展在中国近代城市规划发展中占有极其重要的地位。同时沈阳作为中国东北近现代重要的工商业中心城市，其特殊的地理位置和历史作用在中国近代城市发展中的地位也不容忽视。结合行政学与城市规划学这两门学科来分析城市规划行政、思想理论、规划内容、政策执行等方面内容将是一种全新的研究视角。因此，本书的研究重点主要包括以下几个方面：

1.沈阳近代行政主体与城市规划的关系如何？

2.错综复杂的政治形势与多元化的行政主体背景下的沈阳城市规划发展过程是怎样的？

3.通过比较分析东北近代同一行政主体下不同城市的规划建设，探讨沈阳与其他相同主体下的城市，双方在规划行政、管理、制度、内容等方面的普遍性和特殊性是什么？对中国现代城市规划的启示是什么？

（三）研究方法

本书力求在近代视野下，从城乡规划学、历史学、社会学、行政学、政治经济学等多学科角度探寻特定城市的近代城市规划演变过程，同时借鉴近现代社会史与科学技术史的相关研究成果。

本书采用的研究方法主要基于历史档案研究、案例研究和比较研究，以实地考察、口述史学研究和文献分析与数理统计协同研究作为辅助手段。

历史档案研究：在本项目的研究中，历史档案资料的收集、整理与研读将是重点之一。如与城市历史有关的年鉴、地方志、出版物、回忆录等，与城市规划建设相关的城市规划图、规划文本、工务局报告、座谈记录、法规、测绘地图、城市地图、历史照片等，与执政人物或团体有关的个人资料、回忆录等，可为本书的研究提供翔实的资料。近代东北城市的文献资料主要来自辽宁省档案馆、辽宁省图书馆、大连市图书馆及沈阳市档案馆，其中日本殖民时期的文献包括奉天省长公署档案、"满铁"档案等较多日文资料以及在华发行最广的《盛京时报》，地方政府统治时期的文献包括政府往来公文、市政公报、函件等政府档案以及结合当时政治历史背景、社会环境等发行的大量不同类型的报刊，如《奉天劝业报》《辽宁建设季刊》《满洲通讯》《市政月刊》等。

案例研究：本书选择晚清政府盛京将军和奉天行省公署（1903—1911）、"南满洲"铁道株式会社（1905—1937）、北洋政府奉系（1912—1931）以及伪满洲国（1932—1945）四个不同意识形态下的行政主体的城市规划建设活动作为案例进行深入研究，从局部规划和总体规划两个层面予以深度解析，分析不同行政主体下政治、经济等时局变化与规划实践的关系。

比较研究：将在同一时间跨度段中不同的空间或同一空间范围内不同的时间、体制、方式等进行对比研究，最后再进行由各个部分到整体的综合比较研究。横向比较不同类型城市的案例特色，纵向比较沈阳自身不同历史时期城市规划的发展，向外延伸比较当时对中国影响较大的日本、美国等国，将成为本书的综合研究手段之一。

实地考察：在课题确定的范围内进行实地考察，并搜集大量的资料用以统计分析，这样一方面可以补充历史文献资料的不足，另一方面如果不去实地比较变化，很难体味曾经的思想跃动。因此实地考察的方法将有助于本书的研究。对沈阳的实地考察则主要针对近代奉系政府及日本殖民势力管理下不同空间的考察，主要包括沈阳传统城区、商埠地、西北工业区、奉海工业区、"满铁"附属地、大东工业区、铁西工业区等，本书通过对近代文献和现有研究资料的比较，分析政治行政对城市规划与建设的影响。同时笔者对日本殖民的地区如台湾、辽阳、长春等地进行实地调研，以此寻找城市规划之间的类似性。

口述史学研究：口述历史是相对于文字资料而言，记述人们口述所得的具有保存价值和尚未得到过的原始资料。基本方法就是通过以音像设备为工具的采访，以特定问题和主题结合开放式的访谈，在研究资料的基础上对一些关键人物（专家学者、当事人后代、相关政府人员以及相关地方学者等）进行深度访问，收集资料，经与文字档案核实，整理为文字稿，以此获得更广阔的认识与理解。

文献分析与数理统计协同研究：该研究通过引入数理统计方法，以弥补文献法在可靠性难以评估、史料分散整理困难、重复劳动、受个人主观性影响等方面的缺陷，发挥信息技术快速高效判读海量信息、获得大量具体可靠的数据、增强客观真实性等优势。本书通过结合文献分析与数理统计的各自优势，做出定量统计分析，保证研究的客观与准确。

（四）技术路线

综合以上研究内容与方法，确定研究框架共分三个方面：

第一方面是历史变迁。本书借助档案史料展开历史研究，从宏观角度将沈阳近代城市规划的发展置于政治经济、文化变迁、城市行政主体兴替的范畴中，探讨其与城市近代化相关的规划建设的总体走向。以四个时期不同意识形态下的行政主体的城市规划建设活动作为研究的核心主体，逐步展开规划思想、内容与实效的研究。

第二方面是核心内容。本书从行政领导、行政体制、行政机构及运行等方面，研究不同时期行政主体与城市规划建设相关议案、建设案、相关人物及其思想的关系，全面考察"行政改革、近代化奋斗、经济殖民"等背景下的近代城市规划发展与变革的理路及其表达形式。揭示"人"在近代城市规划中的作用以及对今天的影响。

第三方面是综合比较。纵向比较沈阳不同时段城市行政主体与规划建设变革的关系；横向比较近代中国不同类型的城市，如殖民地城市、传统城市，研究近代化城市行政主体与规划意志的关联特征对城市规划建设发展的影响及作用；向外辐射比较外国的影响等。

在本书即将付梓之际，感谢辽宁省图书馆、辽宁省档案馆、沈阳市图书馆、沈阳市档案馆工作人员在调研过程中给予的便利；感谢参考文献的作者们为本书提供了可供借鉴的研究成果；感谢烟台大学建筑学院和东南大学建筑学院领导和同事们给予的支持；感谢山东人民出版社王海涛、崔敏两位编辑的审定和编辑工作；感谢山东人民出版社办公室张波主任和山东大众传媒日报社焦猛主任为本书最后出版提供的帮助。

第一章

近代以前沈阳的城市规划与发展

沈阳地处辽河流域中部，东临天柱山，北靠浑河，自古以来是由多民族共同开发和建设的区域。从战国时期燕国侯城至明代军事卫城，沈阳在东北地区具有重要的战略地位。这一地区的政治行政中心始终位于沈阳南部100km的辽阳城，因此辽阳城政权主体的更迭、政治经济的发展与城市的建设对沈阳也有着深刻的影响。直至女真①首领努尔哈赤建立后金②地方政权，定都沈阳，沈阳逐步发展为清朝开国都城，沈阳的城市地位才发生了根本变化。从1625年后金迁都于此至1644年清迁都北京前的20年间，沈阳由明代辽东军事重镇转变为后金政权统治东北地区的政治中心，取代并超越了此前近2000年间辽阳城在这一地区的作用。其后沈阳作为清朝的陪都，由当政者继续进行建设。

　　清代是东北地区城市发展的一个重要时期，由于东北地区具有边防、军事、民族等不同于中国内地的突出特征，因此清政府加强了以东北为中心的区域开发，在东北地区增设地方行政建置。东北城市的建设规模与功能与前代的政治主体执政时相比有了较大的发展，城市的政治军事功能增强，经济文化功能也不断提升，不仅促进了东北地区中小城市的整体发展，同时也促使沈阳逐渐发展为东北地区重要的经济、文化中心。

---

① 　女真：又名"女贞""女直"，中国古代生活于东北地区的古老民族，现今满族的前身。
② 　后金（1616—1636，或称"后金汗国"）：出身建州女真的努尔哈赤在满洲（现今中国东北）建立的王朝，为清朝的前身。

第一节
明代以前沈阳的行政主体变化与城市规划

一、行政主体更迭

明代之前的沈阳由于毗邻当时东北地区的政治、经济、文化中心及交通枢纽辽阳，其主体的变化深受辽阳影响，同时由于沈阳处于多民族接合与发展的地带，其政治、经济及城市规划的发展也呈现多元化的面貌。

奴隶制时期，东北地区分布着许多部族，在由部族向民族发展的过程中，这些部族在政治上先后臣属中原王朝，而且在经济发展乃至民族形成上都与中原部族发生了广泛而深刻的融合。[①]夏商时期划有九州，沈阳属于当时的营州[②]，周朝时期，沈阳属于其统辖诸侯国中的燕国。

战国时期燕国开拓辽东，置襄平县[③]，归辽东郡管辖，此为辽东正式设治的开始。沈阳隶属其郡，统治者在此设侯城，对其进行行政管理。中原地区的先进文明迅速传入，促进了辽东地区的发展。燕国之后，秦政权首次完成了国家的统一，建立了从中央到地方的管制和行政机构。秦政权大力推行郡县制，各郡、县由皇帝和中央控制，是中央政府辖下的地方行政单位，其中在东北地区设辽东与辽西两郡，其控制范围以秦长城[④]为界，沈阳为辽东郡的辖境。沈阳所处地理位置较为边缘，统治者主要在这里营造长城以加强边防

---

① 张志强.沈阳城市史［M］.沈阳：东北财经大学出版社，1993:18.

② 营州：即今辽宁之地，夏朝时建立。营州自古与中原同步发展，是中国的一部分。

③ 襄平县：战国燕置，即今辽阳。

④ 秦长城：西起临洮，东至辽东。其中辽东地区，指辽河以东地区，今辽宁省的东部和南部及吉林省的东南部地区。

抵御外敌的侵扰。

西汉时期中央政权对东北地区的控制范围与秦相比有所扩大，其疆域东北至今朝鲜半岛北部。此时燕置侯城县的地位有所提升，为辽东郡所属18县之一，是中部都尉治所，具有重要的战略地位。东汉末年辽东太守公孙度割据辽东，建立地方政权，管辖辽东、中辽、辽西、玄菟、乐浪五郡[1]，其中沈阳即属中辽郡。此时国家分裂，但沈阳仍归中原政权管辖。曹魏时期，侯城被废，辽沈地区属于玄菟郡，其郡所领四县[2]均在沈阳境内。西晋时期，中央加强了对东北各族的统属关系，在行政设置上基本沿袭秦汉制度。沈阳地区的少数民族人口逐渐增多，由于沈阳地处辽东郡的北部边线，沈阳不免成为少数民族地方政权的争斗之地。西晋之后的十六国[3]时期，中原政权覆灭，东北少数民族政权频繁更迭，其间所设郡县较前朝改变不大，沈阳均在其管辖范围内。南北朝时期，高句丽[4]地方民族政权势力崛起，占领了辽东郡与玄菟郡，并在沈阳设置玄菟城与盖牟城[5]。

唐重新统一中原后，疆域在最盛时期东至朝鲜半岛，开创了中国政区史上道和府的建制。唐收复辽东，同时在辽东地区设立安东都护府，沈阳属盖牟州，归安东都护府管辖。唐末，东北地区以粟末靺鞨[6]少数民族为主建立的渤海政权出现，其政治上与唐仍为隶属关系。这段时期是东北地区城市发展的第一个高峰，形成了以五京十六府为中心的城镇行政网络体系，由于沈阳处于唐

---

① 五郡：辽东为今辽宁辽阳，中辽为今辽宁沈阳，辽西为今辽宁义县西，玄菟为今辽宁新宾县永陵镇汉城址，乐浪为今朝鲜平安南道。

② 四县：高句丽、高显、辽阳、望平。

③ 十六国：又称"五胡十六国"，指西晋末年至北魏统一中原这一历史时期建立的政权。五胡指匈奴、羯、鲜卑、羌及氐；十六国主要指五个北方内迁民族在中国北部及蜀地建立的政权，其中曾经管辖沈阳地区的主要为其中的前燕、前秦、后燕及北燕。

④ 高句丽：是公元前1世纪至公元7世纪在我国东北地区和朝鲜半岛存在的一个政权，与百济、新罗合称"朝鲜三国时代"。其人民主要是濊貊和扶余人，后又吸收些靺鞨人、古朝鲜遗民及三韩人。

⑤ 盖牟城：一说在今沈阳市苏家屯区陈相屯的塔山上，是较典型的高句丽山城。

⑥ 靺鞨：自古生息繁衍在东北地区，是满族的先祖。先世可追溯到商周时的肃慎和战国时的挹娄。

辽东地区与渤海国交界的边缘地区，虽仍属于唐朝，但受渤海政权影响较大。唐朝覆灭后，契丹族势力崛起，建立辽朝，先后形成五京制度[①]。辽在辽阳建立东平郡，在沈阳建立沈州，沈州作为辽太祖的头下州即私城，由中央政府直接管理，并且对东京[②]具有较大的政治独立性。

1115年，东北女真族地方民族政权建立金国，定都上京会宁府，其行政区域采用路、州、县三级管理，沿袭辽代五京制，东北地区再一次得到迅速发展。其中沈阳归东京辽阳府管辖，统治者还在沈阳设立节度使及军州，后节度州降为刺史州。金代沈州处于由上京会宁府至东京辽阳府和由上京会宁府至燕京这两条交通要道的交汇点，在东北境内和关内外之间的相互联系中处于重要地位。[③]

1271年忽必烈建立元朝，1279年灭南宋，元朝成为历史上第一个由少数民族建立的统一国家。元朝首开行省制，在全国设1个中书省及11个行省，其中东北大部分地区隶属辽阳省。1296年改沈州为沈阳路，归辽阳行省管辖。"沈阳"之称始见于史册。至此沈州城也改称"沈阳城"，为沈阳路治所。在元代，沈阳是首都至辽阳路的交通要冲，成为关内外经济文化联系、商品贸易往来的转运站和集散地，是东北边陲的重镇之一。

二、城市的规划与发展

（一）新石器时期聚居村落的产生

沈阳是一座古老的城市，根据考古学研究发现的新乐遗址，沈阳城的历史

---

① 五京制度：一般指辽、金两代分设多个首都管理国家的制度，辽国五京即上京临潢府（今赤峰市林东镇）、东京辽阳府（今辽宁省辽阳市）、南京析津府（今北京市）、中京大定府（今内蒙古宁城县）、西京大同府（今山西省大同市）；金国五京起初是上京、东京、西京、南京、北京，海陵王迁都后是中都、东京、西京、南京、北京，五京中除东京、西京与辽一致外，其余三京为中都大兴府（今北京市）、南京开封府（今河南省开封市）和北京大定府（今内蒙古宁城县）。

② 东京：今辽阳。

③ 沈阳市人民政府地方志办公室.沈阳市志：卷二　城市建设［M］.沈阳：沈阳出版社，1998:4.

可以追溯到7200年前的新石器时期。新乐遗址①是中国原始社会新石器时代的一处聚落遗址，占地面积为17.8hm²，中心区域为2.5hm²。研究者通过多次的考古发掘，证明在这一地区存在着三种相互叠压的不同时期的文化堆积层，其中最早的新乐下层文化，具有丰富的文化内涵和鲜明的地方特点。从新乐文化的发现可以看出，最早的沈阳人在这里从事渔猎、农耕活动。坚实的居室一方面为人们提供了生活的便利，另一方面众多的房址也促成了聚居村落的产生。

（二）燕汉侯城的形成与建设

随着聚居村落的产生，沈阳因其优越的地理位置、良好的自然条件以及多民族聚居的特点，村落逐渐走向繁荣。同时随着政权的更迭，战事边防的需要也带动了村落的发展，为城市的形成提供了条件。经考古界、史学界专家考证研究认定，沈阳正式建城的开始为公元前300年燕国大将秦开设立辽东郡时所建的侯城。②燕建侯城是为了以之为屏障，抵御外敌的入侵，侯城是行侦察、瞭望的斥候之责的古代军事卫所。侯城后历经秦、汉在此经营和建设。西汉时期，侯城作为中部都尉的治所，管辖着辽东郡中部的大量村镇，具有重要的战略地位。根据考古发现的战国至秦汉时期的文化层及附近大南、小南地区众多汉墓来看，古侯城的范围在今沈阳老城区内，以沈阳故宫北墙外为起始，向南延伸，其面积不大，四面为土砌城墙，城垣周长为960m，面积约为0.06km²，当时已初具城邑规模。③（图1-1）

燕、秦、汉时期统治者对东北的统一开发与建设，使中原先进的生产技

---

① 新乐遗址：位于今沈阳市皇姑区黄河大街新开河北岸黄土高台之上。

② 燕建侯城为沈阳建城始点的主要依据：一、史料记载及沈阳地区出土的战国墓葬和发现的较大数量汉墓群，证明当时沈阳地区已有相当数量的人口在此聚居；二、有国家政权设置和管理机构，公元前300年燕国大将秦开击败东胡后，在辽东地区设立辽东等五郡，同时在沈阳地区设县，称之为"侯城"，对当时的沈阳地区进行行政管理；三、有确切的文献记载和考古资料，证明沈阳市老城区域内从战国时期起就建有相当规模的古城垣；四、古侯城与现今的沈阳城之间有相关的历史沿革，演变脉络清晰，拥有丰富的证明史料。

③ 考古专家于1993年发现侯城遗址，遗址为东西走向，长度有170m，残体高在2m以上，专家考证此为侯城北墙，修建于战国晚期，地表有很多绳纹砖瓦，还有不少夹砂红陶器具残片和钱币等物品。

术、文化以及人口，不断向
东北传入，不仅加强了中原
与东北之间的联系，同时促
进了当时东北地区城市政
治、经济以及文化的发展，
沈阳作为其中较为重要的城
市，同样得到了发展，为之
后辽、金沈州的城市建设奠
定了基础。

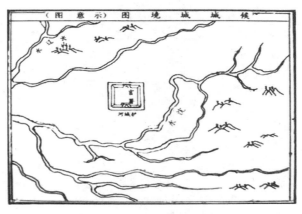

图1-1　西汉时期侯城城境示意图

（三）辽、金沈州的缘起与发展

　　唐末中原地区藩镇林立，中央对东北地区的控制能力逐渐减弱，契丹族势
力崛起，进入辽东。916年，辽太祖耶律阿保机建立辽国。由于辽东人口众多、
资源丰富、城镇林立以及其对征服关内、渤海等政权的重要军事位置，阿保机
积极经略辽东，将辽东郡故城定为东京，建立东平郡，设置防御使，以东京辽
阳府为中心对辽东地区进行控制与建设。沈阳地区因在辽东特殊的地理位置而
受到重视，朝廷在其地设置三河县[①]、渔阳县[②]借以统治俘获和迁居于此的汉人，
使这批汉人成为建设国家农业与手工业等的产业力量。辽太宗时期为加强对东
丹[③]的控制和管理，将其南迁辽东，同时出于政治、军事、交通以及生产生活
的需要，在西汉侯城的基础之上重新建设了新城即沈州[④]，并将三河与渔阳并入
沈州统一管理。沈州作为辽国两朝皇帝的头下军州城[⑤]，政治地位较高，由中

――――――――――

① 三河县后改名为乐郊县。

② 《辽史·地理志》中载"太祖俘蓟州吏长，建渔阳县"。

③ 东丹：辽灭渤海国后在其地设立的附属国家，亦称"东辽"。

④ 沈阳即沈州的依据：沈阳故宫内现存有石经幢，俗称"大十面"，原来放置于沈阳故宫前的
　东华门南侧，1952年移于沈阳故宫院内，其上有"沈州"等字，据王明琦先生考证，"沈阳
　石经幢的相对年代应在辽末天作时期"。

⑤ 头下军州城：契丹贵族在初期的征服战争中，将俘获的人口聚集起来，建立州县城堡等组
　织，就称之为"头下军州城"。《辽史·地理志》："头下军州，皆诸王外戚大臣及诸部从征
　俘掠，或置生口、各团集建州县以居之。"

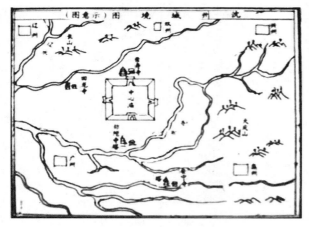

图1-2　辽代沈州城境图

央政府直接管理。辽代沈州由节度使镇守，根据考古发现的辽代时期文化层推断，城市的范围以今沈阳古城区为基础，建有夯土城墙，是辽沈地区辽代城镇中规模最大的。城内大街呈十字交叉，主要建筑为节度使衙署管理机构，负责掌管沈州地区的军政事务，中心设有中心庙，同时城外建有佛塔、寺庙等宗教建筑。（图1-2）

金灭辽后继续沿用沈州城[①]，政治地位虽有所下降，但仍领五县[②]。行政制度、城市建设与规模较辽代相比无明显变化。这个时期，一方面金政权在政治、经济等方面采取了一系列的社会性改革，另一方面沈州作为连接东北和关内的重要交通枢纽，促进了人口的增加，尤其是中原地区汉人的迁入，使沈州地区的城市工商、交通事业得到了迅速的提升，沈州成为东北地区仅次于东京的第二大城市。辽、金沈州城的政权主体虽然都是由东北游牧少数民族建立的，但统治者在行政管理与城市建设中效仿汉制，并重视与中原的经济、文化交流，加强了东北各族间的政治、经济以及文化联系，为沈阳城市的发展提供了较好的条件。

（四）元代沈阳路治的设立

随着蒙古族势力的日渐强大，辽东地区被蒙古军占领，但其大部分地区在蒙金战争中遭到毁灭，沈州同样受到损毁。由于蒙古军的势力范围迅速扩大，管理面积增加，一方面被其征服的汉族、女真以及契丹人需要固定的地域从事生产与生活需要，恢复辽东地区已毁的城镇及体制成为必然；另一方面高

---

① 《金史·地理志》东京路下载："沈州，昭德军刺史，中。本辽定理府地，辽太宗时军曰兴辽，后为昭德军，置节度。明昌四年改为刺史，与通、贵德、澄三州皆隶东京。户三万六千八百九十二。"

② 五县为乐郊、章义、辽滨、挹娄以及双城。

丽人口的西迁也为沈州城的恢复提供了条件[①]。1266年蒙古政权重建沈州，并在此设置安抚高丽军民总管府与沈州高丽总管府[②]，城市建设开始恢复。1296年原有的两个机构合并改称"沈阳等路安抚高丽军民总管府"，改沈州为沈阳路[③]，归辽阳等处行中书省管辖。

随着沈阳路治的设立，其政治地位逐渐提高。此时沈阳是元大都至辽阳路的交通要道，成为关内外经济文化联系、商品贸易往来的转运站和集散地，是东北地区的重要城市，因此建设规模与辽、金时期相比有了一定的扩增。学者通过对元代东北主要路城形态的比较，发现元代路级城镇形态与辽沈州城相似：城址地形平坦，靠近水系河流；城平面多为规则矩形；四面或三面辟建城门；无外郭和内城的区分，多绕以单重城墙；城内采用南北布局，城北部一般为官署所在，城市规模在0.5km²上下。沈阳路城（图1-3）的规模大致如下：南北约930m，东西宽约820m，长宽比约为1.13，面积约为0.76km²。[④]城内布局为十字形干道通向四座城门。元代沈阳路城的建设为明代沈阳中卫城的规划建设布局奠定了良好的基础。

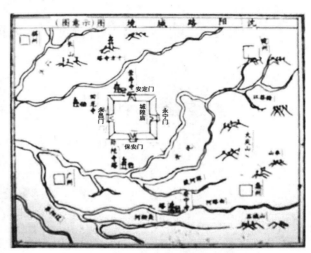

图1-3　元代沈阳路城境图

---

① 元太宗时期曾三次派兵征战高丽，高丽献出许多域池归于蒙古，从而促使了人口的西迁。《元史·地理志》记载："元初平辽东，高丽国麟州神骑都领洪福源率西京都护，龟州四十余城来降，各立镇守司，设官以抚其民。后高丽复叛，洪福源引众来归，授高丽军民万户，徙降民散居辽阳沈州。"

② 《元史·高丽传》："至元三年二月，立沈州以处高丽移民。"

③ 据《元史·地理志》辽阳等处行中书省沈阳路条，沈阳路下辖5个总管府，24个千户所及14个州。

④ 王鹤.近代沈阳城市形态研究［D］.南京：东南大学，2012:36.

第二节

明代辽东地区的辖治体制与沈阳中卫城的建立

一、辽东地区辖治体制的形成与影响

1368年，明朝建立。由于明政权采用一系列积极的政治、经济措施，社会生产力得到了较高的提升，推动了城市的迅速发展。城市规划建设的规模、功能和筑城技术超过了前代。1387年明朝基本统一了东北地区，开始进行辖治。明政府废除了元朝的行省制度，没有实行与中原一致的行省和州县制，鉴于东北地区较为特殊的政治、军事形势以及少数民族众多的情况[①]，先后设置了辽东、大宁[②]、奴儿干都司[③]及其下属卫所体制进行辖治。其中辽东都司的范围西起山海关，东到鸭绿江，北自开原城，南到旅顺口。在这一带，辽东都司不仅为统军驻防，而且以地为治，封疆辖土，全面管理辽东地区，在此地区的辖治中起着非常重要的作用。辽东都司在军事上隶属左军都督府，在行政上归山东行省管辖。它是军政管理机构，不具备民政职能，而其下属卫所与内地卫所纯军事性质不同，是卫所与州县或部落制的结合，除接受辽东都司的管辖之外，同时还要接受山东布政司、按察司[④]的民政领导。各卫均配备相应的民政

---

① 其一，明初东北地区因为元明战争而人口稀少，设立州县的话，无实际作用。辽东人口中大部分来自关内，因条件恶劣，时常有逃亡事件，推行军事管理的卫所体制，可有效防止这一事件发生。其二，辽东地区处边陲重地，少数民族众多，有"控制诸夷"之任。

② 大宁：今内蒙古赤峰市宁城县。大宁都司建立后不久即改为北平行都司，治于大宁城。

③ 奴儿干都司：一作奴尔干都指挥使司。是中国明朝时在东北黑龙江出海口一带（今俄罗斯境内）设立的一个军事统治机构。辖区西起鄂嫩河，东至库页岛，北达外兴安岭，南濒日本海和图们江上游，辖区内广置卫、所，作为都司所属的地方军政建置。

④ 山东按察使司与布政使司同为设在辽东的机构，管理辽东司法与行政事务。

管理等官员，以处理民政的有关事务。卫所是明政权地方军政合一的权力机构，具有军事与行政双重职能。辽东卫所多数不是严格的建置，主要因为其设置多依原有州县或军事地理位置而定。永乐至洪熙初年（约1403—1425年），为防御蒙古及女真对辽东都司的侵扰，划定东北少数民族主要的居住区域，明政权修筑了连接山海关——开原——鸭绿江边的M字形辽东边墙[1]，将其划分为九个防御区，称为"九边"或"九镇"。同时在都司及卫所之上，设置了辽东地方的最高军政机构即辽东地方总兵官，作为领辖镇治。其中辽东镇是九边首镇。辽东地区辖治体制下建立的镇、路、卫、所等城市，确定了古代辽宁城市的基本型制，推动了东北地区城市的建立和发展。

二、沈阳中卫城的设立与规划

明政权初领辽沈地区，沈阳处于明军北部前沿位置，出于征战故元割据势力与军事防御的需要[2]，1368年，沈阳左、中、右三个卫所同时建成，隶属辽东都指挥使司。其中左右两个卫所被更改与撤换多次，最终遭废弃，沈阳中卫则一直贯穿有明一代。由于沈阳是多民族聚居的地方，为便于管辖与控制，沈阳卫所实行军政合一的地方政权机构体制。沈阳卫是辽东都司的25个卫所[3]之一，其政治、军事地位在辽阳、广宁之下，居于第三位。

由于其重要的地位，1388年，明政权对沈阳中卫城进行了重新规划。根据《辽东志》记载的资料显示，改建的沈阳中卫城规模壮观。[4]沈阳中卫城呈方形，四面辟门，内有规整的南北、东西交错的十字形大街，直通四门，是较典型的中国传统城市模式。主街将城区划分为四个城区，东、南、西、北四面

---

① 辽东边墙分三段：辽河流域边墙、辽西边墙、辽东东部边墙。

② 《辽东论》："辽东为燕京左臂，三面濒夷，一面阻海，山海关限割内外，亦形势之区也。历代郡县其地，明朝尽改置卫，独于辽阳、开原设安乐、自在二州，以处内附夷人。"

③ 明代卫所建置如下：一个卫5600人，分设5个千户所；每千户所1120人，分设10个百户所；每百户所下辖两个总旗；每总旗下辖5个小旗；每小旗有10名士兵。

④ 《辽东志》卷一："周围九里三十步，高二丈五尺，池二重，内阔三丈，深八尺，周围一十里三十步，外阔三丈，深八尺，周围一十一里有奇。"

图1-4 明代沈阳中卫城图

各设一座城门，东西、南北各门相对。东门为永宁门、西门为永昌门、南门为保安门、北门为安定门。在十字街中心位置建有中心庙，是为军事防御，利用中心庙使四座城门互不相见。四座城门都设在各面城墙中间，分起城楼，建瓮城。城墙内壁为石基土墙，外壁全由大青砖砌筑，筑城技术较前代有很大提高。沈阳中卫城的这一布局特点与元代沈阳路城基本一致，是在其基础上进行改建的。同时从《满洲实录》"太祖克沈阳"的插图中，可以看出明代的沈阳可能为加强军事防御在城区中部修建了钟鼓楼。（图1-4）明代以来，由于专制主义中央集权制度的加强，明统治者将官署设施的建设作为城市规划建设的首要任务，城市中的官署衙门象征着政权的威严，其作为地方政治权力的中心，位置大多处于人口密集、交通发达的地区。沈阳中卫城设有众多管理机构，其中集中位于东南部的主要有察院行台、元沈阳路总管府址、经历司、镇抚司、沈阳游击府、备御都司等官衙。沈阳中卫城的规划布局为清盛京都城与陪都的建设奠定了良好的基础。

第三节

清代满洲共同体的建立与盛京城的规划

　　明朝后期，随着女真人社会经济的发展，需要建立一个统一的政权和稳定的社会秩序，建州左卫首领努尔哈赤经过十多年时间统一了东北女真各部。在这一过程中，努尔哈赤以建州、海西女真①为主体，通过军、政、民合一的八旗制度吸收东海女真②、汉、蒙、朝鲜等族人（由此形成了一个新的民族共同体即满族），并于1616年在赫图阿拉③建立后金地方政权。由于沈阳重要的地理位置④，1625年努尔哈赤将都城迁至沈阳，1634年皇太极改沈阳为盛京，1636年皇太极在此改国号为清，并将其定为清朝开国都城，沈阳城市地位发生根本变化，开始由明代辽东军事重镇转变为后金政权以及清入关前统治东北地区的政治中心。在此期间，沈阳城市人口逐渐增加，行政建制得到完善，城市规划建设得到进一步发展。1644年清迁都北京后，沈阳作为清朝的陪都由统治者继续进行建设，虽然地位有所下降，但其政治规格仍为仅次于北京的全国第二大城市。同时，经济文化功能得到不断提升，在晚清之前一直保持着东北地区经济中心的地位，为沈阳近代城市化奠定了良好的基础。

---

① 海西女真：今哈尔滨以东阿什河流域女真人的统称。
② 东海女真：今黑龙江以北和乌苏里江以东地区的女真人。
③ 赫图阿拉：位于今辽宁省新宾满族自治县永陵镇。
④ 《清太祖武皇帝实录》："沈阳四通八达之处，西征大明，从都儿鼻渡辽河，路直且近；北征蒙古，二三日可至；南征朝鲜，自清河路可近，沈阳浑河通苏苏河，于苏苏河源头处伐木，顺流而下，材木不可胜用。出游打猎，山近多兽，且河中之利，亦可兼收。吾愁虑已定，故欲迁都。"

一、女真社会的变迁与满洲的建立

女真为东北地区少数民族中重要的一支，历史上先后建立过金朝、东夏[①]、扈伦[②]、后金等政权。女真最早源自肃慎，后经历挹娄、勿吉、黑水靺鞨等名称变化，直至辽代更名为女真。12世纪，女真首领完颜阿骨打统一了女真族各个部落，并建立金朝。金朝在东北地区留下了极其深远的影响，建立了女真族政治、经济、军事三位一体的基本社会组织即猛安谋克[③]。这一组织对后来八旗制度的建立起到了重要的指导作用。金政权灭亡后，女真人经过多次迁移及兴衰起落的变化，逐渐向奴隶制社会过渡。其中进入中原的女真人以及东北偏南地区的女真人处于汉化过程中，而松花江流域及邻近地段则经历着由更北地区的女真人南迁而引起的局面变更。元代由于其政治力量的约束，女真人的迁移受到制约，女真各部都保持着相对的稳定。明朝时期建立卫所制度统辖东北地区的女真人，同时明廷通过颁发敕书、开关互市、设立驿站、修筑边墙等措施，加强女真各部与明朝的联系。根据分布区域划分的建州[④]、海西[⑤]以及野人[⑥]三大女真部落由此稳定下来。

地缘政治在女真族的发展中起到了非常重要的作用。他们居住的地区位于朝鲜的北面、辽东的东和东北面。由于汉人早已在辽东定居，因此女真人透过长期的观察，对汉人的生活和制度有了一定的认识。他们也逐渐受到汉人居住和饮食方式的影响。16世纪中叶以后，越来越多的汉人越过边界，教会了女真

---

① 东夏：大真国，朝鲜史书称"东真国"，是13世纪时金朝将领蒲鲜万奴在中国东北建立的一个国家。

② 扈伦：又称"呼伦""忽剌温"，源自黑龙江的一个女真族部落，明中叶以后南迁至松花江中游一带。

③ 猛安谋克：规定以户为计算单位，以三百户为一谋克，设百夫长为首领，十谋克为一猛安，设千夫长为首领。

④ 建州女真分布区域以今辽宁省境内的浑河流域为中心，南抵鸭绿江，东达长白山北麓和东麓的广大地区。

⑤ 海西女真分布于今辽宁省开原以北、辉发河流域以及松花江中游广大地区，自称"扈伦四部"。

⑥ 野人女真分布于松花江下游至黑龙江流域，东达大海，并包括库页岛在内。

人如何耕种土地和建筑城堡，由此产生的经济技术进步，大大改变了女真族以往游牧社会之特性。[①]随着明朝统治力量的衰弱，女真各部统一的趋势已经显露出来。由于奴隶占有制的发展，各部落之间的侵掠、兼并，以至于对明朝的对抗时有发生，扩大势力范围与统一女真便成为各部落里强有力人物共同追逐的目标。在此期间三大部落的首领都曾做过统一的尝试，最后由建州左卫首领努尔哈赤完成了统一女真各部的大业。从1583年努尔哈赤起兵讨伐尼堪外兰到1593年击败九部联军，他用11年的时间统一了建州各部。到1613年，除地域遥远的女真部落和依明为援的叶赫部外，努尔哈赤又进一步统一了东北女真各部。在这个过程中，以建州、海西女真为主体，吸收东海女真、汉、蒙、朝鲜等族人形成了一个新的民族共同体即满族。努尔哈赤在统一女真各部的过程中继承金朝的猛安谋克制度，创建了颇具特色的军事制度——八旗兵制，成为满族形成的强而有力的纽带。1616年，努尔哈赤在赫图阿拉建立后金政权，自称汗号，成为满族形成的一个重要标志。1635年皇太极发布改族名为满洲的命令，满洲既是族称，也是地理概念，满洲正式成立。随后皇太极在沈阳称帝，改"后金"为"大清"。随后清灭明并逐渐统一全国，至此中国历史上出现了第二个由少数民族建立的国家政权——清朝，其275年的统治对于中国的政治、经济、文化以及城市规划建设的发展都产生了深远的影响。

二、满洲的政治行政体制及其特征

（一）八旗制度的确立及影响

八旗制度，是满洲进入国家时代时，在牛录[②]基础上扩大发展起来的社会

---

① 徐中约.中国近代史：1600—2000，中国的奋斗［M］.计秋枫，朱庆葆，译.北京：世界图书出版公司北京公司，2008:16.

② 牛录：女真人出兵或打猎时，按族党屯寨进行管理。每人出一支箭，十人为一牛录（汉语"箭"），其中有一首领，叫"牛录额真"（汉语译为"佐领"）。牛录是渔猎文化的产物，是在特定自然环境下为适应狩猎生产需要而产生的集体生产组合形式。在军事活动中，它是由同一族寨成员分别组合的临时性小组，它反映了部落时代女真社会组织涣散、生产规模狭小的特点。

组织以及统治者实行管理的根本政治制度。1601年努尔哈赤对牛录进行了改造，建立了红、黄、蓝、白四旗。牛录由部落时代出兵行围时族寨范围内自愿结合的临时性组织演变为军事政治经济于一体的常设性组织。随着军事职能的加强，牛录由"居民的自动的武装组织"向"特殊的公共权力"——军队转变。[1]在对其改造的过程中，牛录的规模迅速扩大。1615年努尔哈赤在原来四旗的基础上增加了四镶旗，八旗正式定制。其制规定：每旗有三级组织，分别为固山、甲喇和牛录，每三百人为一牛录，设牛录额真一人；五牛录为一甲喇，设甲喇额真一人；五甲喇为一固山，设固山额真一人。八旗制度不只是纯粹的军事组织，在这个从部落封建制向军事管理和初期国家体制转变时期，它还发挥着原始型行政单位的功效，通过军事编制来从事行政、经济与民事管理。"出则为兵，入则为民，耕战二事，未尝偏废。"军政一体，"以旗统人，即以旗统兵"；兵民合一，"出则备战，入则务农"，成为军、政、经合一的社会组织。在这个制度中，努尔哈赤为八旗最高统帅，各旗旗主为其子侄，各旗主均是该旗的最高掌权者，并处于努尔哈赤的统一领导下，这种统治原则及行政方式，即为中央集权控制下的领主贵族政治行政体制。

满洲在统一全国的过程中，八旗的生产职能逐渐削弱，军事职能日渐加强，行政职能则始终存在于八旗禁军和驻防地区，呈现八旗制度与州县府衙系统并行的局面。同时清廷为巩固其统治，加强对全国各族人民的控制，统治者在吸收汉族先进文化的基础上，建立了八旗常备兵制[2]和兵饷制度，与绿营[3]共同构成控御全国的强有力的军事统治工具。八旗制度的建立，最终结束了女真"部落无统"、关系涣散的落后局面，"一国之众，八旗分隶"[4]，为满洲国家的建立与发展准备了政治条件。从后金政权建立到1912年清朝覆灭的296年

---

① 孙静."满洲"民族共同体形成历程［M］.沈阳：辽宁民族出版社，2008:37.

② 八旗常备兵制：严格实行按民族分别编制的原则，即满洲、蒙古、汉军各为八旗。八旗兵以满洲八旗为主干。

③ 绿营：清朝常备兵之一。顺治初年，清廷在统一全国过程中将收编的明军及其他汉兵，参照明军旧制，以营为基本单位进行组建，以绿旗为标志，称为"绿营"。

④ 刘小萌.满族从部落到国家的发展［M］.北京：中国社会科学出版社，2007:150.

时间里，八旗制度成为满洲社会的一项根本制度，它所具有的军事、行政以及生产多种功能，不仅加强了中央集权，而且使得满洲统治时期的经济得到了充分的巩固，扩大了疆域并促进了多民族的融合与发展，为这个时期城市规划建设的发展提供了重要条件。

（二）三院八衙门行政机构的形成及特征

1631年皇太极为统一掌握国家的各项事务，以分割旗主权力，在沈阳仿照明制，建立了一套直接听命于自己的中央行政机构——六部[①]，分别承理国家政治、经济、军事、司法等事务。六部的建立推进了从八旗式军事管理向汉式行政机制发展的制度转变。清廷后设立辅佐皇帝处理国家中枢政务的机构——内三院[②]，内三院逐步演变为部院之上的中枢机构，最终定名为"内阁"，成为国家最高权力机关。为约束满洲贵族，控制国家各部门的官员，清廷设立了监察机构都察院；此外设有专门管理蒙古事宜的理藩院，至此都察院、理藩院与六部共同构成八衙门。三院八衙门的设立，成为独立于八旗制度以外的一套完整国家机构，分别履行着行政、监察、民族管理以及辅政职能，逐步削弱了议政王大臣会议[③]的作用。从而实现了领主贵族政治行政体制向皇权至上的中央集权政治行政体制的转变。

在满洲的统治过程中，中央分掌具体政务的执行机构，在原来的基础上增设了通政使司、大理寺、翰林院等机构，这些机构实行的均是满汉复职制，既由满人掌权，又利用汉臣实行统治，从而促进了满汉之间的交流与融合。而

---

① 六部即吏、户、礼、兵、刑、工。六部各有专司，官员升迁调补归于吏部，财政收支编审壮丁归于户部，典章制度与对外交往归于礼部，出兵事宜归于兵部，审理诉讼归于刑部，工程建筑归于工部。当时各部均由贝勒一人总理部务，之下设满、蒙、汉承政各一至二人，参政八人，启心郎一人。后经历代不断调整，各部职官渐有定制，职掌趋于明确，机构亦较稳定。

② 内三院即内国史院、内弘文院及内秘书院。主要负责编撰史书、撰拟诏诰、宣达政令等，并参与国家机要，适应了国家内政外交各方面发展的需要。

③ 议政王大臣会议为清初最高权力机构，根据宗室王、贝勒等共议国政的制度而建立。其制源于努尔哈赤晚期特设的五大臣议政佐理国事制度。随着国家的逐渐统一及封建君主专制制度的加强，1791年被裁撤。

地方政权机构，则恢复了明时地方统治的建置形式，实行省、府、州、县多级统辖的模式。此后，地方官制稍有变化，其中总督、巡抚开始向固定省区长官的方向发展，而省与府之间的道，也开始向固定性实体职官演变，陪都盛京五部，也基本在这一时期设置。

三、盛京城规划与发展的历程及内容

1616年努尔哈赤在赫图阿拉建立后金政权之后，为进一步完成对其部族的统一以及取代明朝政权成为新的统治主体，于是展开对明辽东地区的军事进攻。努尔哈赤率部先后攻克沈阳、辽阳及金州、复州等城市，使辽南"大小七十余城官民俱剃发降"。努尔哈赤占领沈阳之后，并没有迁都于此，反而选取辽阳作为都城。辽阳是当时辽东地区的政治、经济及军事中心城市，地位的特殊性成为其被选为都城的决定因素。但辽阳城内汉人居多并且城市防御能力较差，不利于后金政权的稳定，迁都成为必然。同时由于其附近的沈阳城（图1–5）地理位置重要，是"辽东根本之地"，"依山负海，其

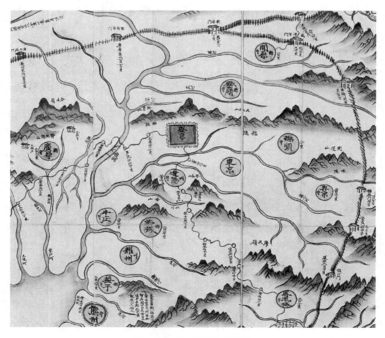

图1–5　清代沈阳城境图

险足恃，地实要冲"，为"东北一都会"，既便于与朝鲜、蒙古往来，亦宜于控制东北地区，进而可以进入北京控制中原，故努尔哈赤于1625年将都城迁至沈阳，至此沈阳的政治地位发生了根本变化。这次迁都对沈阳的城市规划建设具有重大意义，掀起了新的高潮。1644年清廷迁都北京后，沈阳作为陪都，统治者继续对其进行建设，为沈阳近代城市规划的发展奠定了良好的基础。

（一）清入关前对都城的规划

沈阳作为都城，清廷对其进行的建设一共经历了两个阶段。第一个阶段为努尔哈赤建立后金政权统治时期，将都城由辽阳迁至此地，在原来明沈阳中卫城的基础上开始初步的城市规划建设。第二个阶段为皇太极改"后金"为"大清"到清入关之前的统治时期，统治者重新规划、扩建与改建沈阳城，按照规制将其建设成清代第一座都城——盛京。这两个时期的建设促使沈阳结束了之前单一的区域性军事卫城的历史，开创了其作为东北地区重要的政治、经济以及文化中心的综合性城市的先河。

1. 努尔哈赤起兵进入辽沈地区之后，先后在这里营建了五座城池：费阿拉、赫图阿拉、界藩城、萨尔浒城、东京城[①]。作为都城的赫图阿拉、东京城，分别被命名为"兴京""东京"，这些城市经历了从小到大，从简陋至完备，从无定制到逐渐规模化的过程。[②]城市的规划与建设对沈阳盛京城产生了重要的影响。努尔哈赤定都沈阳后，开始了对沈阳城的规划建设。由于迁都后政局动荡，人力物力不足，努尔哈赤并未进行大规模的建设，因而保持了明沈阳中卫城的城垣形式以及原有的十字形街道布局，仅在此基础上加固了城墙、城河等防御设施。后为建立八旗管理政务及举行重大议事的政务场所，努尔哈赤在

---

① 东京城：位于辽阳城东太子河右岸，距城2.5km，建于1622年，城郭为砖石、夯土结构。城周长3510m，东西长890m，南北长886m，四面设有8门，每面各有2门，门的位置南北相对。

② 王茂生.从盛京到沈阳——城市发展与空间形态研究［M］.北京：中国建筑工业出版社，2010:32.

原有的城市空间体系中，新建了宫殿建筑群——大政殿[①]、十王亭[②]。宫殿群采用八字形平面布局，位于十字形街道中心处的东南角，是沈阳盛京宫殿中最早的一组建筑群，它是八旗制度以及"八和硕贝勒共治国政"军政体制在建筑形式上的反映，体现了满洲国家的政治特色，在建筑布局及风格上具有浓厚的民族特色。努尔哈赤同时在南北道路轴线的最北端修建了自己居住的汗宫。这个时期的城市规划建设整体性较强，保留了满洲游牧民族的风格。

2. 1626年皇太极即位后，开始了对沈阳城的重建工作。1634年，改沈阳为"盛京"，1636年建立"大清"，盛京作为清朝的都城一直存在到1644年。在此期间，皇太极模仿汉族各代都城建设的形制，不断吸收汉族城市建设的经验和习惯，使得盛京都城更加接近中国传统王城的城制。独特的城市规划手法，使沈阳在中国城市规划发展史上占有重要的地位。

（1）修建城池：皇太极在明沈阳中卫城以及努尔哈赤时期建设的基础上，重修沈阳城墙，将城墙加高加宽，使城墙更加坚固，增加的垛口完善了其防御设施，同时城的规模略有扩大。[③]在城池方面，由原来的两道改为一道，成为外池，同时在城内低洼处，新增72个内池，街路两侧挑出水沟，雨水与生活废水排入内池，从而使得城内的排水系统顺畅起来。

（2）改建城门与街道：沈阳中卫城时期，城内为十字形街道布局，街道通向四座城门，皇太极时期参照北宋东京城（今河南开封）的建置，按八旗方位制度，将四门改为八门，其名称与东京城门名称一致。[④]由于城门的变化，城市街道的布局由原来的十字形转变为井字形。由于沈阳的地形条件比东京城更

① 大政殿：俗称"八角殿"，是盛京皇宫内最庄严神圣的地方，是沈阳故宫的代表，坐北朝南呈等边八角形。

② 十王亭：在大政殿两侧南向，呈燕翅排列，是清朝入关前左右翼王和八旗旗主在皇宫内办公的地方。

③ 《盛京通志》记载："天聪五年，因旧城增拓，其制内外砖石，高三丈五尺，厚一丈八尺，女墙七尺五寸，周围九里三百三十二步，四面垛口六百五十一，明楼八座，角楼四座。"

④ 东门称"内治"（小东门）、"抚近"（大东门），西门称"外攘"（小西门）、"怀远"（大西门），北门称"地载"（小北门）、"福胜"（大北门），南门称"天佑"（小南门）、"德胜"（大南门）。

为平坦，这种布局显现出交通更加通畅、地块规整的优势，同时原有的皇宫区域占据城市中心的地块不再被城市交通所阻碍，这样的改建在保持原有风格的基础上，功能更为合理，更适用于对都城的使用。

（3）重新进行功能区划：城门与街道的改变，使得城区由原来的十字街四区改变为井子街九区。城内原有居民被迁到城外，对九个区域的功能进行了新的划分，在中心区域修建皇宫，使各个王府环绕周围。皇宫前东侧建都察院、理藩院衙门；在西南门内大街建兵、刑、工三部衙门；在东门内大街两侧建吏、户、礼三部衙门；在北部东西两个道路交叉口设立钟楼、鼓楼，由于地处主要道路，连通东西二门，两楼之间的街道成为商业街（中街）；同时为加强中央集权，统治者在盛京城外修建了都城必备的礼制建筑，在南城外设置天坛，在东城外设置地坛、太庙、文庙，在西城设置实胜寺。至此沈阳城形成了以宫殿为中心，轴线对称、前朝后市的城市格局。康熙时期绘制的《盛京城阙图》（图1-6）清晰地反映了盛京改建后的城市格局。

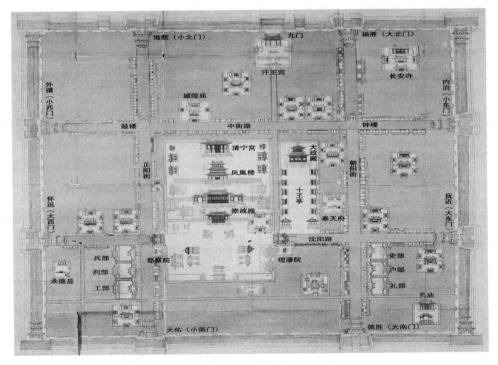

图1-6 盛京城阙图

（二）晚清之前对陪都的规划

1644年，清入关后定都北京，将盛京作为留都，随后废除明朝陪都南京，仿明代两京制，正式以盛京作为陪都①。由于该处为多民族聚居的地区，为在这里进行有效管理和统治，清代对盛京陪都的管理有别于其他行省，实行了一套满汉分治的二元化管理体制，建立了盛京将军、奉天府、盛京五部三个行政主体，并经历了从清初三方分权并立，各司其职，清中期盛京将军与五部并立，兼管彼此事务，到最后晚清时期盛京将军全部兼管奉天府及盛京五部的事务三个历史时期。其中盛京将军为陪都的最高军政长官，权力高于一般地方行政机构长官，专门管理旗人；奉天府负责管理民事，地位与北京顺天府相同；盛京五部包括户、礼、工、刑、兵，负责管理地方事务；盛京内务府负责管理皇宫和皇庄事务。虽然此时盛京的政治地位与之前都城时期的地位相比有所下降，但其在规格上仍为仅次于北京的全国第二大城市。直到晚清之前，由于清政权处于内忧外患之境，统治者已无力管辖陪都，盛京陪都的管理才逐渐削弱。

盛京作为清朝肇兴和发迹之地，故清政权在对其进行管理的同时，同样加强了对其城市的规划建设，城市格局在康乾时期得到了进一步完善。1680年，为使盛京与国都北京的城制一致，清在盛京方城外增修了绕其一周近于圆形的外城土墙，亦名"外廓墙"或"关墙"②，周长近16km的外墙使盛京城的面积由原来的1.5km²扩大到20km²。③城市内方外圆的形态符合了以地为方、以天为圆的文化理念。在外城设立八座边门，分别以街路与内城的八座城门相联系，构成了两纵两横的道路骨架。而外城与内城城墙之间形成的扇形区域被称

---

① 因政治地理原因或其他政治军事形势的原因，朝廷或国家在正式首都之外选择特定地理位置所建立的辅助性首都即为陪都。陪都现象在中国最早出现于殷商时期，但比较正规的陪都始于西周。由于陪都设立原因的多样性，使其呈现出不同的类型与功能，主要有两京制陪都、多京制陪都、留都制陪都、圣都制陪都以及守望制陪都等。

② 《盛京通志》："奉旨筑关墙，高七尺五寸，周围三十二里四十八步，东南隅置水栅二，各十余尺，导沈水自南出焉。"

③ 王鹤.近代沈阳城市形态研究［D］.南京：东南大学，2012:62.

图1-7　沈阳故宫鸟瞰图

为"关厢"[①]。康乾时期对盛京皇宫进行了大规模的改建与扩建，在盛京都城宫

殿建筑的基础上，增建了中路宫
殿建筑并新建了西路宫殿建筑。
与北京宫殿建筑群遵循严谨对称
轴线布局不同的是，盛京城宫殿
建筑群为横向展开的城市景观
序列，形成了东路努尔哈赤时期
的大政殿、十王亭轴线，中路皇
太极时期的崇政殿轴线以及西路
康乾时期的文溯阁、嘉荫堂轴线
三条轴线互相平行的布局特点。
（图1-7）

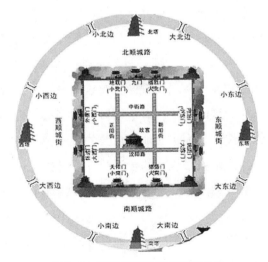

图1-8　清代沈阳陪都时期城市格局

---

① 关厢：简称"关"，关即驻戍，各关的驻防八旗与城内的驻防八旗的方位基本一致，或被称
　为"驻城内外八旗"。

　　同时由于满洲统治者信奉藏传佛教，陪都的建设还包括了城郊东西南北四塔四寺的建设，形成了四塔守护的佛教坛城（曼陀罗）平面形式，反映了满洲社会受宗教理想影响并应用于城市规划以表达美好愿望的思想。至此，沈阳作为陪都，与都城时期相比，其城市规划建设得到了进一步完善，并最终形成内方外圆、四寺四塔、八门八关的城市新格局。（图1-8）

小　结

　　自古以来沈阳因其重要的地理位置成为历代东北地方政权统治者争夺的焦点。作为战略要地，沈阳的行政主体不断更迭，从而形成了特有的城市空间。清代之前，统治者多以强化辽东地区控制以及防御外敌入侵为目的而进行沈阳城市规划建设，政治管理与军事控制是各个政权建设城市的两个主要职能，此时沈阳是辽东地区行政中心的次级城镇，城内为十字形街道布局。随着东北地区少数民族的兴起，建城规模逐渐扩大，城市功能逐渐增多，城防设施也趋于完善。经过燕汉候城至明沈阳军事卫城的建设时期，逐渐确立了沈阳在东北地区的重要地位，奠定了城市发展的基本格局。

　　满洲统治时期是近代之前沈阳城市规划发展最重要的时期，沈阳传统城市的功能、布局及规模均在这个时期内形成，并一直保存至今。沈阳经历了从东北地区的政治军事重镇转向国家都城再到陪都的三个阶段，在这个过程中开创了沈阳作为东北地区重要的政治、经济、军事以及文化中心综合性城市的先河。沈阳城市规划的建设受中原汉族文化、满洲女真文化、藏传佛教文化以及其他少数民族文化的共同影响，构成了具有独特地域特色的城市空间，奠定了城市多元文化并存的基础，为沈阳近代城市规划的发展提供了条件。沈阳成为陪都之后，城市的政治地位逐渐下降，然而由于满洲统治者一直对其进行政治管理，并且实施东北招民政策，改善水陆交通条件，使得沈阳人口增加，农业发达，促进了产业经济以及城市商贸功能的发展。经济地位得到提升的沈阳，逐渐发展为东北地区经济中心城市，从而为沈阳近代城市化奠定了基础。

第 二 章

沈阳近代行政主体的演变与
近代城市规划的发展

在中国近代城市规划发展的研究中，城市近代化进程中城市规划发展的分期是研究中最重要的问题，因为这个问题的解决可以保证研究工作具有正确的指导思想，同时其确定也是建立在对城市规划发展过程正确理解的基础之上的。

近代之前，中国城市的发展多以军事行政为主要功能，以农村经济为基础，以土地财产和手工业为核心，城市的平面形式沿袭封建社会的城制。1840年以来，在西方资本主义势力的冲击下，中国封闭独立的状态被打破，中国开始沦为半殖民地半封建社会，社会性质及经济结构发生了较大变化，城市的发展由以行政军事力量为主转为以经济因素为主，由以手工业和农业为主转为以近代工商业为主。这种变化使得原有城市发生了不同内容和形式的发展。中国近代的城市规划发展按主体变化一般分为两类：一类是城市行政主体在发展中一直比较稳定的，其城市功能、性质及结构没有变化或变化较小；另一类在近代化过程中受到各种政治和经济因素影响，如帝国主义的侵略和本国资本主义的发展，城市行政主体因此发生更迭，城市功能等发生突变，由此引起城市空间格局的变迁。对于第二类，其分期应反映行政主体变化与城市规划发展之间的关联，这对加深认识城市的近代化进程和理解城市规划的各个层面具有实际意义。

沈阳的近代城市规划发展就属于第二种类型。清定都北京，沈阳改为陪都后，沈阳失去了原有的政治及军事功能。然而交通条件的改善、移民垦殖的实施，使得沈阳城市人口增多，商贸活动增加，城市生活的主要内容让位于经济活动，沈阳逐渐转为东北地区的经济及文化中心，沈阳的近代化萌芽开始产生。1861年营口①开埠之后，沙俄在东北地区的经济掠夺逐渐深入，沈阳作为列强进入东北的首个区域性核心城市，对它的"开发"拉开了近代城市化进程的序幕。在此期间沈阳城市行政主体更迭，其间势力范围重叠或并立，不断变化。各行政管理主体分别通过不同的行政命令和手段左右城市规划建设，制定城市规划制度。在近代时期形成了多元化的城市风貌与空间格局，促进了沈阳近代城市规划的发展。

---

① 营口地处渤海之滨，辽东湾畔，是中国东北近代史上第一个对外开埠的口岸。

第一节
沈阳近代行政主体的演变

　　1840年后，中国传统的一元政体随着西方殖民势力的入侵而被打破，国内政权开始发生变化并呈交替发展状态，沈阳因其历史地位与特殊的地理位置受到影响。在从传统城市向近代城市发展的过程中，沈阳历经沙俄东省铁路公司、晚清政府盛京将军和奉天行省公署、"南满洲"铁道株式会社、北洋政府奉系、伪满洲国以及国民政府等行政主体的交替或并置，逐渐形成了单一→多元→单一的城市行政主体特征，从而使得沈阳近代城市规划的过程与内容体现了不同的政治行政统治的特征，走出了一条独具特色的近代城市规划发展的道路。

　　沈阳近代行政主体演变的开端以1898年沙俄在沈阳设置火车站并建设铁路附属地为起点，在此期间行政主体为沙俄东省铁路公司，此时沈阳站只是中东铁路沿线的一个普通站点，与始发站大连和哈尔滨相比，其规模不大。但是在沙俄东省铁路公司主导下的规划建设拉开了沈阳近代城市规划的序幕，形成了俄国殖民势力与晚清政府行政主体并立以及以铁路为轴、向两侧发展的城市格局。不过这个时期的沈阳传统城区依然是清中期建设的内方外圆的城市形态。1903年《通商航船续订条约》签订，沈阳被开辟为商埠地；同时清政府开始实行新政，建立新的行政体系，改造老城区，设立商埠局，由清政府自主管理与规划商埠地，开始了沈阳近代城市的规划发展。1905年日俄战争后日本获得沈阳铁路的修筑权，日本在原来沙俄铁路附属地的基础进一步扩建，建立了"满铁"附属地，由此沈阳出现了由"南满洲"铁道株式会社、晚清开埠总局以及奉天行省公署奉天府共同管理的格局，并在此格局主导下形成了"满铁"附属地、商埠地以及传统城镇共同构成的近代城市空间。

　　1912年晚清政府统治覆灭后，北洋政府成立，在随后的几年中，除日本控制下的"满铁"附属地继续进行建设，沈阳城市其余区域基本没有活动。1917年以奉系为代表的地方力量掌控东北，并在沈阳成立市政公所，标志着沈阳新的行政建制的确立，由此开始了包括传统城市更新、近代新型工业区规划建设及独立军工体系的建立，形成了近代城市规划发展中的沈阳模式，直到1931年结束。这个时期日本殖民势力为把沈阳建设成其殖民东北及占领东亚的中心城市，在1931年前以"南满"铁路为依托，以"南满洲"铁道株式会社为行政主体，对沈阳"满铁"附属地进行殖民规划建设，从而形成了"满铁"与奉系政府在空间上的东西对峙。

　　九一八事变后，日本全面占领沈阳，1932年成立伪满洲国，开始着手沈阳城市建设的总体规划，直至1945年结束。在此期间伪满洲国政府是行政主体，执行城市管理职能，但这只是"表象"，实质上真正掌权的是作为"隐象"的关东军特务部与"满铁"经济调查会。这里需要做出说明的是，"南满洲"铁道株式会社作为日本殖民的国家行政性机构，是代表日本行使职能的国策会社，一直担负着对附属地的经营与建设任务。而日本在全面占领东北之后，形成了以关东军为主导的绝对殖民统治。虽然日本在1932年设立了"满铁"经济调查会，继续作为国家机构处理附属地的建设等业务，然而其地位已经开始下降，直至1937年"满铁"附属地行政权转让给伪满洲国，标志着其政治地位的最后丧失。（图2-1）

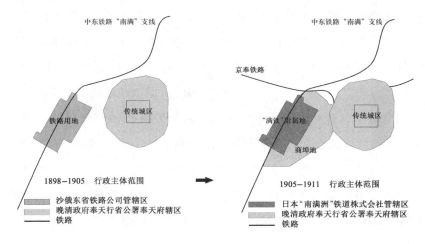

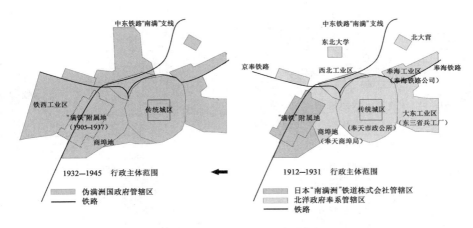

图2-1 沈阳近代行政主体范围演变图

抗战结束后，民主联合政府短暂接管沈阳，在此期间城市建设处于空白。随后1946年国民政府接管沈阳，到1948年沈阳解放，在此期间国民政府成立了行政管理机构，颁布了一系列法律章程及规划条例，但基本都没有实施，城市规划活动处于停滞状态。

表2-1　　　　　　　　　沈阳近代城市行政管理机构一览表

地区	城市规划行政管理机构		时间	政权
铁路用地	东省铁路公司		1895—1905	沙俄
附属地	"南满洲"铁道株式会社	奉天军政署 （1905—1906）	1905—1945	日本
		奉天居留民会 （1906—1907）		
		奉天"满铁"地方部 （1907—1931）		
		"满铁"经济调查会 （1932—1936）		
沈阳城区	盛京将军奉天府（工部）		1657—1905	清政府
	奉天省城巡警总局（工程科）		1902—1907	
	奉天行省公署奉天府（民政司工程局）		1907—1912	
	奉天行省公署沈阳县（政务厅）		1913—1923	北洋政府 （奉系）
	奉天市政公所（工程课）		1923—1928	
			1929—1931	南京国民政府

（续表）

地区	城市规划行政管理机构	时间	政权
沈阳城区	日本关东军＋"满铁"经济调查会＋伪满洲国政府（伪民政部土木司）	1931—1934	伪满洲国政府
	"满铁"经济调查会＋伪满洲国政府（伪民政部土木司）	1935—1937	
	伪满洲国政府（伪交通部都邑规划[①]司）	1938—1945	
	沈阳市政府（工务局）	1945—1948	南京国民政府
商埠地	交涉司开埠总局	1906—1909	清政府
	交涉司开埠总局	1909—1914	北洋政府（奉系）
	奉天行省公署开埠局	1914—1916	
	奉天省城商埠局（工程课）	1916—1931	
大东工业区	东三省兵工厂	1919—1931	
惠工工业区	奉天市政公所	1923—1931	
沈海工业区	奉海铁路公司	1925—1931	
铁西工业区	日本关东军＋"满铁"经济调查会＋伪满洲国政府（伪民政部土木司）	1931—1945	日本

资料来源：作者整理。

第二节

沈阳近代城市规划发展的历史分期及其主要内容

一、历史分期及依据

（一）发展分期

在前一节中，论述了沈阳近代行政主体的演变，由于沈阳近代行政主体的频繁更迭，因此其对应的统治形态及城市规划建设的实际情况也各不相同。

---

① 东北沦陷时期日本殖民当局制定的城市规划和成立的城市规划委员会，按照档案文件中日语的记录应该为都邑计画和都邑计画委员会，笔者为更好地让读者理解，因此将其转换为现在与之对应的专业术语。

本研究基于行政主体的视野，从行政体制、行政机构、行政组织、行政领导等几个方面入手，结合沈阳近代政治变革及社会的发展，将沈阳的近代城市规划发展分为六个部分，即东省铁路公司的沈阳铁路附属地时期（1898—1905）、晚清政府时期（1903—1911）、"南满洲"铁道株式会社的沈阳"满铁"附属地时期（1905—1937）、北洋政府奉系时期（1912—1931）、东北沦陷时期（特指1932—1945）以及国民政府时期（1946—1948）。

（二）分期依据

中国近代城市规划的分期应以其自身的时间、空间、事件为主体，并参照政治改革与社会发展的时间、空间、事件进行划分。沈阳近代城市规划发展在时间上既有重叠，又有分离；既有局部空间的时间连续，也有整体空间的时间间断；既有显象特征，又有隐象的特征，因此无法采用明显的时间纵轴进行划分；而在城市空间上既有局部的城市规划完整性，也有多个行政主体进行分割分治，形成多元拼贴的空间格局。根据沈阳近代城市规划发展的特点，以行政主体的变化作为划分的依据，以各自存在的时间为准。这样既能准确了解沈阳近代城市规划发展的过程，又不会失去各自的特殊性，同时能够更好地理解沈阳近代城市规划发展的本质。

二、主要内容

依据上述分析，将沈阳近代城市规划的发展分为六个部分，这里对其规划建设的内容做一些简单介绍。

（一）东省铁路公司的沈阳铁路附属地时期（1898—1905）

1898年，沙俄强迫清政府签订《东北铁路公司续修南满支路合同》，掠取了修筑中东铁路"南满"支路的筑路权，并在沈阳古城西部修建火车站。同时，清政府把火车站周围总面积6km²的土地[①]，划为"铁路附属地"，归沙俄东省铁路公司独立管理。俄国人在附属地拥有驻军、警察、税收和司法的一切特权及领事裁判权，同时还具有行政管理权，附属地在事实上成为沙俄的殖民

[①]　东起今和平大街，西至兴工街东侧，北至七马路，南至南八马路。

地。①俄国在此进行了初步的规划，新建主干道——铁路大街②，修建东省铁路办事处，开设华俄道胜银行等工商业建筑，这些措施加快了近代沈阳城市经济国际化的步伐。从这个时期沙俄控制的其他铁路附属地如哈尔滨、长春等地来看，其选址有共同特征——刻意地与中国人居住的旧城在空间上割裂开来。至此，沈阳城市格局发生了变化，形成了以铁路为轴、铁路附属地与传统城镇共同发展的形态，促进了沈阳近代城市的建设。

（二）晚清政府时期（1903—1911）

清迁都北京后，盛京作为陪都保留了五部体制，统治者添设奉天府，实行有别于其他地区的满汉分治制度，同时统治者加强陪都建设，城市呈现内方外圆的布局形态。晚清时期，随着沈阳政治地位与军事地位的下降，城市转为经济中心。由于内忧外患，政局不稳，城市建设与管理也基本停止。鸦片战争后，外国殖民势力侵入东北地区，1903年日本、美国分别强迫清政府签订《中日通商行船续订条约》《中美通商行船续订条约》，1905年日本强迫清政府签订《中日会议东三省事宜正约》及《附约》，规定沈阳由中国政府自行开埠通商。1906年沈阳正式开埠，商埠地处于附属地与旧城之间。这个时期晚清政府进行了新政改革，组织了以自主规划建设商埠地、改造老城区、建立新的行政体制、发展近代工业为主的城市近代化运动。城市格局转变为附属地、商埠地及传统城镇并存的空间形态。

（三）"南满洲"铁道株式会社的沈阳"满铁"附属地时期（1905—1937）

1905年日、俄签订《朴次茅斯和约》瓜分东北后，沈阳铁路线划归日本"南满"铁路株式会社，"满铁"获得对沈阳铁路附属地的管辖权，开始以建设近代化的轨道交通线和城区为主要方式，对沈阳进行殖民经济侵略。1906年日本颁布"满铁"营业范围命令，设置"满铁"地方部，以之作为统辖附属地

---

① 1896年清政府与沙俄签订《合办东省铁路公司合同》，成立所谓"中国东省铁路公司"，按合同第六条规定："凡该公司建造铁路所需用地及附近开采沙、石块、石灰等项所需之地，若系官地，由中国政府给予，不纳地价；若系民地，按照时价，或一次缴清，或按年向地主纳租，由该公司自行筹款付给。凡该公司之地段，一概不纳地税，由该公司一手经理。"

② 铁路大街：今胜利大街北段。

的中枢。1907年居留民会在沈阳建立奉天地方事务所，该所是非法行使行政权的附属地地方政府，负责附属地内的城市规划与建设。附属地内的城市规划以火车站为中心，用地被分为三部分，其中铁道线及配属的粮栈在最上方，中间是铁路站、住区及商业区，下部为公园和未开发区。这个时期的城市规划表现出了鲜明的殖民地特征。1937年日本撤废治外法权，并将"满铁"附属地行政权转让给伪满洲国政府，由后者开始对沈阳进行统一的规划建设。

（四）北洋政府奉系时期（1912—1931）

1912年北洋政府成立，这一时期，政局变化频繁，社会动荡，城市建设活动相对较少，1917年奉系张作霖掌控沈阳军政大权，沈阳成为东北地区军政合一的首府性城市。随着北洋政府政权管理逐渐减弱，地方自治占据主导地位，形成了奉系军阀与日本殖民势力竞相发展的局面。1923年在王永江积极筹建下，奉天市政公所成立，沈阳正式建制。这一机构的成立标志着区域城市化运动的开始。为规范城市管理，市政公所发布了一系列法律章程，同时建立城市管理机构，完善城市基础设施，规划建设城市空间布局并发展城市工商业，改变了沈阳传统城市的风貌，促进了沈阳城市资源的优化配置，完成了沈阳城市社会形态的转变。至此沈阳形成了"满铁"附属地、商埠地、旧城区以及新型工业区并重的多元化城市格局。

（五）东北沦陷时期（特指1932—1945）

九一八事变后，日本全面占领沈阳，殖民势力占据主导地位，沈阳进入以殖民工业掠夺为核心的城市化与工业化发展时期。这一时期由伪满洲国政府执行城市管理职能，背后由日本关东军及"满铁"株式会社实质掌控沈阳。1932年由关东军、"满铁"经济调查会以及伪满洲国政府组成奉天市计划筹备委员会，开始筹备建设铁西工业区，制定《奉天都邑计划》等事务。伪奉天市政公署下设工务处，负责市区规划设计。筹备委员会随后颁布《满洲国经济建设纲要》，奉天被确定为四大工业区的中心，委员会开始把沈阳作为工商业大城市进行规划建设。

（六）国民政府时期（1946—1948）

抗战胜利后，沈阳市民主联合政府成立，对沈阳进行短暂管理，负责城市恢复工作，随后撤出。1946年国民党沈阳市政府成立，执行城市行政管理职能，随后设立工务局，主管城市规划建设，其间颁布相关市政法规，如《整饬市容应办事项之规定》《沈阳市下水道维护办法》《公园管理所组织规程》《收复区域城镇营建规划》等，但都没有付诸实施，国民党统治沈阳期间，除却政治方面发生变化，在城市建设方面基本没有建树。市民生活受到严重影响，城市经济凋敝，直到1948年沈阳解放，沈阳特别市建设局成立，城市重建工作才正式开始。

在东省铁路公司的沈阳铁路附属地时期，在城市经营与建设方面，沙俄更重视铁路枢纽哈尔滨、商贸港口大连以及军用港口旅顺，沈阳并不是其主要建设的城市，同时由于其占领沈阳时间较短，其附属地随着《朴次茅斯和约》的签订被划给日本，所以这个时期内的城市规划建设内容相对较少。国民政府时期，虽然制定了相关的规划建设法规，但由于战争及经济的原因，大都没有实施，城市规划基本没有发展。

表2-2　　　　　　　　沈阳近代城市规划发展历程与内容一览表

发展历程	行政主体	时间	事件	城市规划与建设的内容
中东铁路附属地时期（1898—1905）	沙俄东省铁路公司	1898	签订《东北铁路公司续修南满支路合同》	修建火车站，将6km²土地划归沙俄，建立铁路附属地
		1899		中东铁路"南满"支线修到奉天（沈阳）
		1900		沙俄在沈阳设立第一个军用邮局
		1902.9		铁路大街建成，中东铁路"南满"支线浑河大桥完工
		1904.2.8	日俄战争爆发	
晚清政府时期（1903—1911）	盛京将军	1902	设立奉天巡警总局	沈阳近代最早的城市建设管理机构
		1903	签订中日、中美《通商行船续订条约》	条约规定开辟奉天为商埠地
		1905	设立奉天省公署	
		1906	设立开埠局，正式开辟商埠地	内设清丈课、税务征收课、埠政建设课（筹办司法警察、交通道路和市场公园的规划）、工程课（市政工程设计）等部门

（续表）

发展历程	行政主体	时间	事件	城市规划与建设的内容
晚清政府时期 （1903—1911）	行省公署	1907	成立奉天民政司	下设民治、疆理、营缮、户籍、庶务五科，后添设警政科，其中疆理"掌核议地方区划、统计土地面积、稽核官民土地收放、买卖、核办测绘、审订图志各事"，营缮"掌督理本部直辖土木工程"
		1907.7	奉天清道队成立	隶属奉天省城巡警局，是沈阳最早的公共环境卫生管理机构
		1907	成立沈阳马车铁道股份有限公司	沈阳最早的公共交通工具，拉开了沈阳城市轨道交通的发展序幕
		1908	设立会丈局	负责制定租地简章，建筑条例和经办土地出租事宜
		1909.5		在商埠地内新建马路
		1911	辛亥革命	结束了清政府的统治及封建帝制
"满铁"附属地时期 （1905—1937）	军政署	1905.3	设立奉天军政署	
		1905.9.5	签订《朴次茅斯和约》	俄国将长春至旅顺口铁路及一切支线以及附属之一切权利转让给日本政府，日本"继承"俄国在"南满"的特殊地位
		1906.6	设立奉天领事馆	
		1906.7		制定奉天居留民会规则
	居留民会	1906.10		在大石桥、奉天、公主岭设警务署，在辽阳、铁岭设置奉天警务支署
		1907.7	设置奉天地方事务所	制定奉天"满铁"附属地城市规划
	"满铁"地方部	1909.5		辟建春日公园（今太原街北口附近），占地6.4hm²，是典型的日本式庭院建筑
		1910.9		建成沈阳大街道路（今中华路），是附属地内最主要的道路之一

053

（续表）

发展历程	行政主体	时间	事件	城市规划与建设的内容
"满铁"附属地时期（1905—1937）	"满铁"地方部	1910.10.1		建成奉天驿（今沈阳站），占地9km²
		1912.8		建成昭德大街道路（今中山路），1919年将其更名为"浪速通"，是以奉天驿为中心修建的放射状道路中的一条斜路
		1913.8		中山广场建成，占地1.35hm²，这是附属地内建成的第一个广场
		1914.9		建成南斜街道路（今民主路），是附属地内放射状道路中的另一条斜路
		1915		以车站为中心的辐射形及方格状街路完成，初步形成了附属地的干线道路网
		1919	政务厅第四科成立	管理城市街道、桥梁和土木建筑
		1915.7.5		设立警察派出所
		1917.10.15	东洋拓殖株式会社开设奉天支店	日本从经济方面推行殖民政策的总机关
		1919		千代田公园（今中山公园）建成，占地6.6hm²
		1928.11		设立城市合作社
	"满铁"经济调查会	1933.3.1		"满铁"设立铁路总局，控制全东北铁路
北洋政府奉系时期（1912—1931）	奉天省长公署	1913.8		将旗民土地统一定为民地、国有地、公地，重新制定税额
		1915.1.10	设立官办清丈局	负责管理全部土地丈放业务
		1916	奉天总筹备处成立	后又改为商埠局，负责埠地事务，下设总务课、埠政课和工程课
		1917		王永江任奉天省警务处长，着手改革警政，在省城各地设立派出所
		1919	商埠地南市设立	在今十一纬路中部南侧，范围北至十一纬路，南至十三纬路，西至马路湾，东至三经街

（续表）

发展历程	行政主体	时间	事件	城市规划与建设的内容
北洋政府奉系时期（1912—1931）	奉天省长公署	1919	建设大东工业区	近代东北第一个民族工业区
		1920	商埠地北市设立	位于和平区北部的北市场，南邻市府大路，北靠皇寺路，西与南京街毗邻，东沿作颂里、华丰里，功能在于繁荣埠地
		1921	《奉天自开商埠总章》	规定所定埠界以内房地准许有约国商民与中国商民一体遵照定章租用为合例之营业
		1921		商埠地内以东西走向为纬路，南北走向为经路，按此规划建设道路
		1921		在商埠地南市内以华兴场为中心修筑了具有中国传统特色的"八卦路"
		1922.8		东北大学和奉天东大营成立
	奉天市政公所	1923	设立商埠警察局	
		1923.5.3	奉天市政公所成立	是沈阳最早的城市建设管理机构，曾有冀为第一任市长，公所下设工程课，负责市区交通工程、城市规划、公共设施等建设
		1923.9.27	颁布《暂规章程》等相关法规	标志沈阳城市建设和管理进入法制化阶段
		1924		创建有轨电车
		1925.5.14	官商合办的奉海铁路公司成立	奉海铁路是东北第一条官商合办的铁路，铁路干支线营业里程总长337.1km
		1926.1		奉海铁路起点站（今沈阳东站）建成
		1926.6.1		有轨电车通车，取代原来的马车铁道，路线由奉天火车站站前到小西边门
		1926.6.15	建设惠工工业区	毗邻旧城西北部，规划道路与工业设施建设，发展民族工业
		1926.9.8	市政公所工程课新增四股	设地亩（专司丈放地亩事宜）、技术（专司测量绘图事宜）、督工（专司工程实施及监督工程事宜）、材料（专司购买及保存材料事宜）四股

（续表）

发展历程	行政主体	时间	事件	城市规划与建设的内容
北洋政府奉系时期（1912—1931）	奉天市政公所	1926	建设沈海工业区	毗邻旧城东北部，规划道路，集中商业、娱乐、文化等设施
		1931.1.31		商埠局与市政公所合并
东北沦陷时期（特指1932—1945）	关东军特务部+"满铁"经济调查会+伪满洲国	1931.9.18	九一八事变爆发	
		1932.1.21	设置"满铁"经济调查会	作为国家机构处理"满洲"的经济建设规划
		1932.3.1		伪满洲国成立，"首都"为长春
		1932.8		京都帝国大学教授武居高四郎制定《大奉天城市规划概要》
		1932.11	成立奉天市计划筹备委员会	由伪满洲国、"满铁"、日本关东军组成，负责市区地形测量、水道铺设以及建立铁西工业区、起草《奉天都邑计划》等事务
		1932.12		关东军特务部第二委员会制定《关于奉天工业地域的设定与经营要纲案》
		1933.1.22		关东军提出"对奉天、'新京'、哈尔滨城市规划之要求事项"
		1933.3.1	《满洲国经济建设纲要》	确定沈阳城市目标为工商业大城市，划定军事工业基地，形成奉天、抚顺、鞍山、大连工业圈
		1933.3.6	《土地商租权暂行办法》	日本人可以租用土地
		1933.3.23		奉天地方事务所长制定《大奉天市规划市政公署案》
		1933.5.24		指示特务部，制定奉天城市规划中的建设规划
		1933.7.21		关东军司令部制定《关于奉天城市规划要纲案》
		1933.9		伪民政部土木司设置都邑科，科长为近藤谦三郎

（续表）

发展历程	行政主体	时间	事件	城市规划与建设的内容
东北沦陷时期（特指1932—1945）	关东军特务部+"满铁"经济调查会+伪满洲国	1934.4		奉天召开第一回奉天城市规划委员会
		1934.4.5		伪奉天市政公署颁布《道路、交通管理规则》
		1934.4.15		将铁道以西825km²土地划归伪奉天市政公署，用作工业用地，即铁西工业区
		1934.9		召开第二回奉天城市规划委员会，开始规划建设铁西工业区
		1934.12		废止关东军特务部
	"满铁"经济调查会+伪满洲国	1935.3.11	设立奉天土地股份有限公司	征用田地辟为铁西工业用地
		1936.1		成立伪奉天市政公署水道科
		1936.10.1	"满铁"改组铁路管理机构，在奉天设立铁道总局	统一经营铁路、港湾、水运和汽车运输
		1936.9		废止"满铁"经济调查会，拆除奉天大西城门
		1936.10	制定《都邑规划并事业处理方针（案）》	
		1937.4		实行《产业开发五年计划》
		1937.5.1	公布《重要产业统制法》	规定凡属国防和国民经济的重要产业皆由"特殊会社"与"准特殊会社"经营
		1937.7	成立协和地产股份有限公司	经营土地、建筑物的买卖和管理
		1937.10	在"满铁"附属地开设"满洲"不动产株式会社	经营土地管理、建筑物买卖和赁贷业务
		1937		铁西区新建道路工程完工
		1937.12.1	"满铁"附属地行政权转让，城市行政由伪满洲国一元化管辖	伪满公布《市制》《县制》和《街制》，规定各级伪政权均由日本操纵实权

（续表）

发展历程	行政主体	时间	事件	城市规划与建设的内容
东北沦陷时期（特指1932—1945）	伪满洲国	1938.2	完成《奉天都邑计划》	由伪奉天市政公署工务处都邑计划科编制完成，是沈阳历史上第一个比较完整的城市总体规划
		1938.6	伪奉天市政公署工务处增设新科	下设水道科、下水科、计划科。负责管理道、桥、涵、河流、堤防、公园绿化、苗圃及城市计划
		1938.11		铁西工业区的扩建基本完成
		1939		修筑哈大公路，通过沈阳西郊；辟建长沼湖公园（今南湖公园），占地52hm^2
		1943		奉天设置建筑工场科
国民政府时期（1946—1948）	沈阳市政府	1946.1	沈阳市工务局成立	负责道路、桥梁、公共土木工程、园林绿化等
		1946.2	新增工务局第三科	下设道路、沟渠、农林、土木和树艺五股
		1946.10		将东北地方基层组织一律改为乡、镇、保、甲组织
		1948.6.18	发布《沈阳市公园、苗圃、基地管理所组织规划》	
		1948.11	沈阳解放	

资料来源：作者整理。

第三节
沈阳近代城市规划发展的影响因素

一、政治行政

沈阳作为陪都之后，清政府对其进行政治管理，实行有别于其他地区的满汉分治的行政制度。晚清时期由于内忧外患，政局不稳，清政府对沈阳的政治建设逐渐削弱。19世纪末期，沙俄殖民势力侵入东北地区，沈阳的政权主体随着中东铁路附属地的建设开始发生变化。1905年日俄战争后，日本取代沙俄在东北的殖民势力，并逐步扩大殖民特权，设立"满铁"进行殖民统治；同时晚清政府实行新政改革，裁撤原来的行政管理机构，建立东北行省制度，使城市的统治机构向近代化演变，形成了中央集权与殖民统治并存的政治格局。随着晚清政府的覆灭，1917年北洋政府奉系军阀控制沈阳，奉系军阀成立奉天市政公所，地方自治占据主导地位，形成了奉系军阀与日本殖民势力竞相发展的政治局面，促使了沈阳城市格局的转变。1931年九一八事变后，日本全面占领沈阳，日伪当局将沈阳作为工商业大城市进行建设，使其成为伪满的经济及工业中心。1945年之后国民政府接管沈阳，国民政府执行行政管理职能直至沈阳解放。近代沈阳受外国势力、中央政府及地方政府势力的影响，这些政治势力的相互较量对沈阳城市化的发展起到了一定的积极作用。在这些政治势力中，又以日本殖民势力、地方奉系军阀的作用最为明显。在沈阳行政主体更迭的过程中，形成了沈阳近代多元化的行政主体与发展机制。并且在沈阳的整个发展过程中，各方政体以经济为主体，大力发展各项事业，促进城市建设，构成了竞相发展扩充势力的局面。

二、移民垦殖

1644年清定都北京之后，八旗官兵及旗人几乎从辽沈地区全部迁出，使得该地区人口锐减，除盛京和锦州几处有少量兵丁留守，其他地区基本处于土旷人稀的状况。在这种情况下，为重振辽东经济，巩固后方政权，清廷开始实行垦荒戍边政策，积极鼓励汉人到此开垦土地。1653年清廷颁布《辽东招民开垦条例》[①]，其时关内汉人举家向东北地区迁移者居多，在沈阳、辽阳等地，人口迅速增加，农业垦殖土地面积不断扩大。但后来清政府为独占东北资源，保障满洲人的生存条件，同时为防止汉化，巩固其统治政权，取消了条例，实施封禁政策，制约了东北地区的经济开发。清中后期，随着关内人口大量增加、清政府财政持续窘迫、边疆危机频发等情况，清政府解除了对东北地区的封禁政策，采取移民实边政策，从而再次使得大批关内百姓进入东北地区。充足的劳动力和先进的耕作技术促进了土地生产效率的大幅度提高，沈阳周边地区的农业逐渐发达，加快了沈阳地区商品粮的流通，沈阳地区成为粮食输出的重要中转基地，从而带动了沈阳商品经济的发展。同时各地商业资本也接踵而至，进一步促进了城市的手工业、加工业、金融业等方面的发展，为沈阳近代城市化的发展奠定了良好的经济基础。

三、交通发展

（一）辽河航运的开发

在近代铁路出现之前，辽河是东北地区最重要的交通运输线路。随着19世纪中期之后辽河航运业的兴盛，辽河流域商品经济逐渐发展与繁荣，带动了东北地区商业贸易市场的建立，促进了辽河沿岸带状市镇群的兴起。这些城镇集群在明清城镇带的基础上形成了农副产品商业贸易带，加速了流域内外来移民的增长和积聚，带动了地区经济的增长，促进了东北地区城市由农业中心

[①] 条例定例："辽东招民开垦至百名者，文授知县，武授守备；六十名以上，文授州同州判，武授千总；五十名以上，文授县丞主簿，武授百总；招民数多者，每百名加一级。所招民每口给月粮一斗，每地一晌给种六升，每百名给牛二十只。"

向商贸中心的转变。沈阳优越的地理位置及区域中心的影响力使其在晚清时期成为辽河城镇带的中心城市，进而发展为南北货物中转的枢纽。营口开埠后辽河水运成为东北货物南下出海的主要运输方式。由于辽河与松花江无法实行水运连通必须进行水、陆运输转换，货物需经沈阳中转至沈阳以西60km的辽河码头，因此进出沈阳的大量客货集散加强了其作为水陆运输枢纽的经济中心功能。[①]这一功能使得沈阳城市的商业及服务业得到发展，从而促进了沈阳商业贸易活动的增加，为近代城市化进程奠定了基础。

（二）铁路的建设

19世纪末期，沙俄为夺取远东地区霸权，进一步掠夺中国东北部丰富的资源，加强对东北地区的经济侵略和政治入侵，把东北变成沙俄的殖民地和势力范围，建立了一条横贯东西、纵深南北的"T"字形构架的铁路——中东铁路[②]。这条铁路途经之地将东北地区的主要城市全部囊括（图2-2），为沙俄殖民东北奠定了基础，同时对近代东北地区的城市化产生了重要影响。

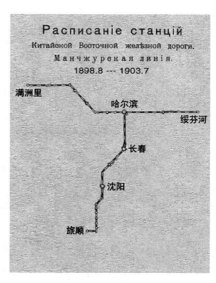

图2-2　中东铁路线路图

辽河航运的发展虽然带动了城镇带的兴起，但由于东北地区辽河和松花江两条河流走向不同，无法衔接，所以北部地区的经济发展极其缓慢。因此改善陆路交通运输条件，打破东北北部封闭的自然经济成为促进区域城市发展的迫切

① 王鹤.近代沈阳城市形态研究［D］.南京：东南大学，2012:76.

② 中东铁路干线由满洲里入境，其中经过海拉尔、齐齐哈尔、呼兰、阿城、牡丹江，直至绥芬河出境，全长1480km；是从俄国赤塔经中国满洲里、哈尔滨、绥芬河到达俄国符拉迪沃斯托克（原名"海参崴"）的西伯利亚铁路在中国境内的一段；中东铁路"南满"支线以哈尔滨为中心建设，线路横断松花江后经长春、开原、铁岭、沈阳、辽阳、海城、盖州、金州、大连至旅顺，沿线有大小车站30个，全长940km。

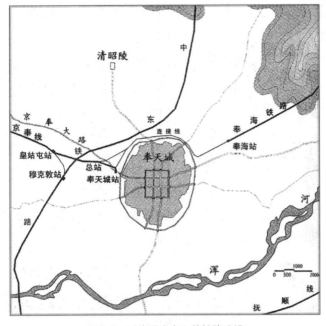

图2-3　以沈阳为中心的铁路建设

需要，而中东铁路的建设适应了这一实际需要，并且促进了东北铁路沿线城市带的兴起。地区资源的开发以及工矿业的发展加快了东北农业的商品化步伐，扩大了商品流通和贸易发展，促使东北地区城市密集区的迅速形成。沈阳处于中东铁路"南满"支线，沙俄在此通过特权划定了铁路附属地，城市空间格局至此发生了改变。日本取代沙俄在东北的殖民统治之后，占领了东北境内长春以南的铁路，同时修筑安奉铁路①，建设了近代化的轨道交通线，一方面加速了地区殖民地化，另一方面促进了区域经济的发展。晚清政府与奉系政府为增强自身竞争力、摆脱日本殖民铁路的控制，以沈阳为中心分别修建了京奉铁路②和奉海铁路③，从而打破了外国殖民势力对东北铁路的垄断，促进了东北地区的城市化进程；同时发达的铁路网络体系使得沈阳成为东北铁路网的枢纽城市（图2-3），带动了沈阳城市的综合发展。

---

① 安奉铁路：从安东（今辽宁丹东）到苏家屯。

② 京奉铁路：1898年10月清政府将京榆铁路延伸至沈阳，改称"关内外铁路"，1907年改为"京奉铁路"，中华人民共和国成立后改称"京沈铁路"。

③ 奉海铁路：自奉天省城大北边门外的毛君屯起，向东北延伸，经抚顺、营盘、八家子、北三城子等地至海龙（今吉林省境内），长236km。

四、多元文化

沈阳自古就是多民族聚居的地区，其中满族、汉族占其人口的多数。清政权统治全国之后，由于沈阳特殊的政治地位，促使周边民族出现满化的趋势，满洲地域文化在城市文化中占有重要的地位。晚清时期关内汉人大批涌入，汉人凭借先进的生产经验和生活方式，又促使周边民族出现汉化趋势，由此形成了满汉文化的主体。同时移民将关内不同省份的地域文化带入沈阳，又形成了多元的移民文化。日、俄殖民势力侵入沈阳后，带入了外域文化。这样地域文化、移民文化以及外域文化的混合形成了近代沈阳多元、兼容的城市文化特征。

小　结

沈阳在近代化的发展过程中城市性质发生了两次重要变化，从东北封建经济中心城市发展到铁路枢纽中心城市，继而成为工商业中心城市。其近代化的发展，除了具有中国近代城市发展的一般性外，更具有特殊性，沈阳的城市发展是在多种行政主体的共同驱动下发生的变迁。在殖民势力、中央集权、地方政权权力对峙的过程中，各主体重叠并立并频繁变更，形成了各自为政又逐步融合的空间格局。其中奉系政府主导的自主城市建设以及日本殖民势力主导的附属地与铁西工业区的建设，奠定了沈阳城市的格局，促进了沈阳近代城市规划的发展。

本章阐述了沈阳近代城市化发展的动因，论述了沈阳执政主体与行政管理机构的变迁以及城市规划与建设的发展演变。在此基础上，以沈阳近代城市规划发展的自身特点为主线，结合沈阳近代社会的背景，提出了城市规划发展的分期，并简述了各个时期主要城市规划与建设的主要内容，以宏观把握本研究的框架体系。

第三章

晚清政府的沈阳城市规划
（1903—1911）

清迁都北京后，盛京作为陪都保留了五部体制，清廷在此设立盛京将军，并添设奉天府，实行有别于其他地区的满汉分治的双重管理体制；同时统治者加强陪都建设，城市呈现内方外圆的布局形态。晚清时期，随着沈阳政治地位与军事地位的逐渐下降，城市转为经济中心。由于内忧外患，政局不稳，清统治者无暇顾及东北，城市规划建设与管理也基本停止。1840年，鸦片战争迫使清政府打开了封闭的大门，外国传教士、商人等纷纷涌入。清政府为保护东北地区"龙兴之地"免受外来势力的侵扰而采取封禁政策，直到1858年，随着《天津条约》的签订，暂时性的封禁被打破。1861年，营口①开埠之后，东北的大门被正式打开，营口的开埠给沈阳带来了巨大的冲击。外国资本主义势力对东北的侵略逐渐加深。在殖民势力入侵的同时，清政府及东北地方当局为维护国家主权、巩固边疆疆务，在1903年至1911年实施新政改革，以建立新的行政决策运行机制、自主开发和建设商埠地为主的城市近代化运动兴起。这场由中国政府主导的民族自救与城市建设活动，对沈阳近代城市的规划发展产生了重要影响。

---

① 1858年，英、法、美、俄强迫清政府签订《天津条约》，牛庄、登州、台湾、潮州、琼州被列入通商口岸。英国侵略者托马斯·密迪乐乘坐军舰对牛庄港口进行普查时发现，牛庄"河道淤浅"，大船无法进入，相反，辽河入海口的没沟营（今营口）水深港阔，适合大船进入，于是密迪乐指"营口"为"牛庄"。1861年4月营口正式代替牛庄开埠，因《天津条约》内容无法更改，对外统称"牛庄"，于是中外文献中出现"牛庄"和"营口"地名混淆的情况。

第一节

晚清沈阳地区的政治统治与城市规划行政

一、盛京将军时期

沈阳被定为陪都之后，在都城时期建立的行政组织迁入北京。此后，清政府在东北地区派兵驻防，设立盛京总管镇守东北，管理一切军政事务。盛京总管之后经历了盛京昂邦章京、镇守辽东等处将军、奉天将军的发展，于1747年被定名为"盛京将军"。在这一过程中，清廷建立了盛京、宁古塔、黑龙江三将军驻防体系。将军下辖副都统、城守尉、防守尉，管理各驻防区的行政、司法、赋税等各项事务。盛京将军是盛京地区的最高军政总管，权力高于一般地方的行政机构首长，职责也比较宽泛，一直到1907年东三省总督设立才被撤销。沈阳是盛京将军的驻地[①]，为东北最大的八旗驻防地。虽然盛京将军的地位较高，但是沈阳是清的肇兴之地，同时这里是多民族聚居的地方，为了进行有效的管理和控制，清政府采取旗民分治的二重制管理体制，在沈阳先后设置了奉天府以及盛京五部等陪都管理机构，这里需要对其机构的设立进行一些说明。1653年随着清政府"辽东招垦令"的颁布，大量的汉人迁入东北地区，由于移民人数增多，清政府采用内地的制度，设置府、州、县治理民众。1657年清廷在沈阳设置奉天府[②]，由奉天府尹统辖的府、州、厅、县的民署衙

[①] 盛京将军辖区以盛京为中心驻防十四城，即盛京、兴京、牛庄、盖州、凤凰城、广宁、义州、锦州、开原、金州、辽阳、熊岳、复州、岫岩，在康熙初年俱已设置，驻防体系初具规模。

[②] 奉天府管辖二州、六县、三城，即复州、辽阳州，承德县、海城县、盖平县、开原县、铁岭县、宁海县，凤凰城、岫岩城、熊岳城。在辽西地区，1644年设置锦州府，辖锦县、宁远州、广宁县、义州。按清政府的规定，锦州府仍隶属奉天府。

门，是清廷统治人民的机构。盛京五部则是清政府在陪都的留守机构，具有一定的独立性，除负责皇室在地方的事务外，还兼管沈阳地区的部分民众事务。其中盛京工部是最早的城市建设管理机构，主要管理沈阳城内及所辖东北地区皇家、官署的兴建及公共与宗庙建筑的修缮。

　　盛京将军与奉天府、盛京五部的权力关系不断发生变化。从清初三方分权并立，各司其职，到清中期盛京将军与五部并立，兼管彼此事务，到最后晚清时期盛京将军全部兼管奉天府及盛京五部的事务。[①] 由于晚清时期外国殖民势力侵入中国，时局动荡，盛京将军的职责更多表现在军事管理方面。这个时期西方资本主义国家的行政体制被引入，出现了新的城市建设管理机构。1902年，奉天省城初设巡警总局，为奉天警政之始[②]，巡警总局负责沈阳地区的行政管理事宜，归盛京将军管辖，巡警总局下设十科[③]，其中工程科负责沈阳地区的土木营造事宜。警察制度的确立，在传统城市行政体制中引入了一种现代的城市控制和管理力量，使沈阳城市管理和社会控制发生了重要的变化，为城市现代化奠定了基础。

二、奉天行省公署时期

　　晚清时期清政府在城市近代化的背景下，在政治、经济及军事领域进行了新政变革。同时由于日、俄等国的侵略加剧了东北地区的衰落及殖民地化倾向，因此清政府以新政为核心，加快了对东北管理体制的改革。1905年奉天府及盛京五部被废除，所有原管事务均由盛京将军负责，同时清政府特遣原户部侍郎赵尔巽[④]（图3-1）以盛京将军身份主营东北三省事务，赵尔巽提出

---

①　1876年后盛京将军权力增加，兼管兵、刑及府尹事务，至1905年五部全部由盛京将军兼管。

②　金毓黻.奉天通志：卷一百四十三〔Z〕.沈阳：辽海出版社影印本，2002:3322.

③　十科分别为警务、书记、裁判、卫生、工程、调查、侦探、消防、出纳、庶务。

④　赵尔巽（1844—1927）：字公镶，号次珊，清末汉军正蓝旗人，奉天铁岭人。历任安徽、陕西各省按察使，又任甘肃、新疆、山西布政使，后任湖南巡抚、户部尚书、盛京将军、湖广总督、四川总督等职，1911年任东三省总督。民国成立，任奉天都督。1914年任清史馆总裁，主编《清史稿》。

奉天^①官制改革方案^②，为行省的建立奠定了基础。随后赵尔巽在沈阳启动"新政"^③并陆续于东北三省城乡展开。由于"新政"主要以改革城市政治体制、进行城市建设以及发展城市经济和文化教育为主，因此迅速带动了东北城市的发展与更新。1907年3月，清廷改盛京将军为东三省总督。随后《东三省设立职司官制及督抚办事要纲》和《东三省职司官制章程》颁布，成为东北行省设置的纲领。奉天、吉林、黑龙江各设行省公署，以总督为长官，巡抚为次官。

图3-1　赵尔巽

徐世昌担任第一任总督，总管三省军政与行政。唐绍仪为奉天巡抚，是本省地方政府长官，总管一省的行政、吏治、刑狱、漕运事宜。行省公署内分设承宣、咨议二厅以及交涉、旗务、民政、提学、度支、劝业、蒙务七司。^④民政司下设民治、疆理、营缮、户籍、庶务五科，后添设警政科，自治局^⑤与工程局^⑥属于民政司的附属机构。其中疆理"掌核议地方区划，统计土地面积，稽核官民土地收放、买卖，核办测绘，审订图志各事"，营缮"掌督理本部直辖

---

① 这里的奉天即今辽宁省。

② 奉天官制改革方案："拟即合盛京将军奉天总督及旧五部府尹之政并于一署，名之曰盛京行部，附设综核处。并将新旧各局署归并分设内务、外务、吏治、督练、财政、司法、学务、巡警、商矿、农工凡十局，设行部大臣一员，总理庶务综核处，随同办事。"

③ 新政的核心内容是倡导实业，引进和优先发展近代新型工业以及建立新式的城市管理机构。

④ 交涉司掌外交事务，下设互市、界约、和合、庶务四科。旗务司办理旗署各事，由军署原有户礼兵各司改并，下设军衡、稽赋、仪制、营造、庶务五科。提学司办理教育等事，下设总务、普通、专门、实业、图书、会计六科，法政、师范高等以下学堂隶之。度支司掌财赋等事，下设会计、粮租、俸饷、税务、庶务五科。劝业司掌农工商、邮电、航路、垦矿等事。蒙务司掌蒙部各事。

⑤ 自治局成立于1906年12月，是在奉天保卫公所的基础上改组建立的。其主要任务为调查和创办地方事业，传播地方自治知识。

⑥ 奉天省工程局第一任总办为沈琪，主要负责管理衙署、军营、学校、厂矿、道路等重要工程的建设，并对工程进行勘估和验收。

土木工程"①。从行政来说，疆理与营缮是负责城市规划的管理机构。

行省体制建立后，徐世昌又增加了教育厅、审批厅、警察厅等新部门。这些新行政部门完全仿照日本等国同类机构之机制来组织和运行，传统封建士绅因不懂近代行政管理规范，逐渐退出地方政府，徐世昌又从归国留学生中选拔了一大批精干的新式知识分子，充实到地方政府中去，并聘请了外籍专家做顾问，城市社会结构的政治权力载体也因此开始全方位地走向近代化。特别需要注意的是，由于近代知识精英从社会政治结构的边缘进入地方政治的核心，使城市近代化有了一个不可缺少的政治人才资源和组织保证。②

这个时期旧式机构的裁撤与新式机构的设立，反映了东北近代军政管理体制的重要变化，原有的旗民双重管理体制被打破，在事权得以统一的前提下，东北地区行省制度得以确立，从而实现了东北地区与内地地方建制的一体化，改变了东北地区特殊的政治体制，促进了东北地区政治及经济地位的提升。同时沈阳的城市规划管理机构也从之前的临时、散乱状态发展到有专门、系统的规划组织，为民国时期城市规划体制的确定奠定了初步的基础。

第二节
晚清时期的沈阳城市规划历程与内容

1840年以后，封闭的、中央集权的清政府由于外国势力的入侵，被迫打开国门，其政治、经济、文化等各个层面都发生了变化。沈阳作为东北地区重要的城市，由于其特殊的城市性质和地理位置，再加上中东铁路的通车、附属

---

① 刘锦藻.清朝续文献通考［M］.杭州：浙江古籍出版社，2000:119.

② 孙鸿金.近代沈阳城市发展研究（1898—1945）［M］.长春：吉林大学出版社，2015:104.

地的建立以及1906年沈阳正式自开商埠地，沈阳城市性质发生了根本的变化，由中国传统城市开始演变为近代资本主义工商业城市。而在这个过程中，晚清政府主导下的沈阳商埠地的自主规划建设起到了重要的作用，改变了沈阳的政治态势与城市格局，同时也为沈阳近代城市规划的发展奠定了基础。

一、商埠地的开辟

近代东北地区的开埠，以1861年《天津条约》后营口代替牛庄开埠为起点，到二十世纪第一个十年结束。从性质上对东北地区的开埠通商进行分析，可以将其划分为武力约开商埠与主动自开商埠。前者主要受外国势力强占租用的影响，主要城市有营口、旅顺及大连，而后者则受东北地方政府新政的影响，其自行开放城市或边境部分土地，按近代城市发展要求进行规划建设。沈阳的开埠属于后者。1903年，清政府分别与美国、日本签订《中美通商行船续订条约》《中日通商行船续订条约》，条约规定东北地区的奉天、安东以及大东沟由中国自行开埠通商。[①]后由于日俄战争的爆发，开埠事宜即被搁置。1905年，清政府谕令外务部、商部与北洋大臣袁世凯、盛京将军赵尔巽共议章程，以便于东北地区"多开场埠，推广通商，期于有济各国公共利益，并饬地方官举办各项实业，以振兴商务"。在日、俄战后的《中日会议东三省事宜条约》中，规定东北地区长春、哈尔滨等16个城市[②]对外开埠通商，即开放一片区域供日本倾销其商品。1906年4月沈阳率先对外开放，同时开设开埠总局（1916年改为商埠局），直接处理商埠地的各项事务，开埠总局受奉天行省公署管辖。这个时期清政府自主进行商埠地初期规划建设，其主导下的城市发展与同时期的"满铁"附属地建设形成抗衡，虽然清政府的建设

---

① 条约规定开埠的内容一致，均为"中国政府应允，俟此约批准互换后，将盛京省之奉天府又盛京省之安东县二处地方由中国自行开埠通商。此二处通商场订外国人公共居住合宜地界并一切章程，将来由两国政府会同商定"。

② 开埠通商的城市有凤凰城（今辽宁凤城）、辽阳、新民屯（今辽宁新民）、铁岭、通江子（今辽宁通江口）、法库门（今辽宁法库）、长春、吉林、哈尔滨、宁古塔（今黑龙江宁安）、珲春、三姓、齐齐哈尔、海拉尔、瑷珲和满洲里。

内容相对较少，但在一定程度上遏制了日本殖民扩张的野心，形成了与附属地竞争的态势，同时带动了沈阳地区经济的发展，改善了交通条件，促进了文化的融合。至此城市格局转变为"满铁"附属地、商埠地及传统城镇共同发展的空间形态。

二、商埠地的初期规划建设

（一）商埠地的性质

根据清政府在筹划东北开埠过程中制定的《自开商埠总章》[①]《自开商埠课税条例》[②]《自开商埠租建条例》[③]以及《奉天自开商埠章程全文》[④]，可看出晚清政府对商埠地的主导权以及商埠地的自主性质，这种自主主要表现在土地租借权、警察权、税收权以及行政权等方面。尽管在这个过程中清政府还是受到西方列强的各种干预，但商埠地的规划与经营仍然完全属于清政府，表现出清廷民族主权意识的增强。就商埠地的功能性质而言，有商业经营及居住两大功能，并允许商民租地杂居。

（二）发展目的

一是因清统治集团理念的转变，清廷意识到被动开放通商口岸与开辟租界的危害[⑤]，同时受洋务运动与近代自开埠城市（如济南、秦皇岛）迅速发展的

---

① 《自开商埠总章》规定，"自开商埠内一切事权均归本国管理，各埠所设的商埠局对于埠内中外商民之监督保护，负完全责任，并行使一切政权（第4条）；商埠区划内的事业，例如煤气、自来水、电话、电灯及铁道等埠内所有事业，应由中国自主办理（第10条）"。

② 《自开商埠课税条例》规定，"关于设关征税事宜，除该埠关章办理外，并照本条例之规定征收一切税费"（第2条）；并列出手续不全、货照不符、超过时限或不呈验照等十一种情况，"应由中国管理征收事宜之官署征收税金"（第3条）；"东三省自开商埠内之中外商民，有负担本埠内一切地方公共用费之责"（第7条）。

③ 《自开商埠租建条例》规定，"自开商埠界内地亩除各项公用基地外，得由中外商民租赁之"（第2条）。

④ 《奉天自开商埠章程全文》规定，"本埠一切行政管理权由商埠局秉承、奉天省长公署办理"（第4条）。

⑤ 《东三省政略》："东南各省之内地通商也，开辟口岸，区划地段，名曰租界，入其境则审判权、警察权、征税权、营造权他族主之，不得过而问焉。是名虽为租，实不啻界以疆土也。"

影响，清廷需要自身的繁荣发展。另外以东北最先开放的商埠地营口为例，其开埠前，仅为辽河入海口的一个小镇。开埠之后，城市规模扩大，工商业及贸易迅速发展，城市的发展模式对于沈阳地方政府而言具有积极引领和示范的作用。既保证主权，又能促进城市发展，是清廷开辟商埠的主要目的。二是缓解西方列强对东北的侵略压力。清末日、俄在东北地区建设铁路以及铁路附属地，其他列强也希望通过战争获得某些权益，这样会加剧东北主权的丧失以及列强对东北的激烈争夺，而自开商埠则可以缓解诸国列强对东北地区施加的矛盾与压力，从而变被动为主动。三是这个时期日本取代沙俄获得铁路附属地，表现出殖民扩张的倾向，清廷通过开辟商埠地、在埠地内引入外国领事馆以及商业机构以遏制日本野心，并且可以缓冲铁路附属地与沈阳古城的关系，削弱铁路附属地在空间上对于沈阳古城的包围。同时清廷通过商埠地吸引各国商民在此投资经商，为城市建设积累资金以及繁荣埠地，从经济上与日本"满铁"附属地形成抗衡。

（三）商埠地的用地选址及范围

商埠地的地址在沈阳外城以西、"满铁"附属地以东，整个埠地地势较为平坦，地表也无河流，土地来自回收的原有官地、收购的附近民地以及砖厂用地等。这样选址是为了从空间上包围日本"满铁"附属地，从而达到遏制其殖民扩展的目的。商埠地的范围是在外国势力的干涉及清政府的多次交涉下确定的。①商埠地《总章》规定了其具体范围：东至边墙，西至"南满"铁道附属地及铁道，南至大道，北至皇寺大道②，按今址看，即东临青年大街，西至和平大街，南接南运河，并由中山公园南侧南京街、南八马路斜向沈大铁路，北倚皇寺路至沈阳纺织厂后墙的铁路，四界各以标准为记，总面积为

---

① 1907年4月，开埠总局确定省城之西门外（怀远门）、东站（沈阳火车站）以东作为万国通商场，遂绘商埠界详图向驻奉日、美两国总领事分别声明，遭到拒绝。日、美两国仍因执前论，要求参与埠界、埠址的界定。对此，中国坚持拟照自行开埠办法，其埠界定由官方购定后划清界址，再由各国商人租领建筑、设立行栈、界内巡警、卫生，平治道途、修筑公所各事均由中国自办，以保主权。

② 皇寺大道：今皇寺路。

图3-2 商埠地范围图

7.7km²。①（图3-2）清廷同时将商埠地划分为正界、副界以及预备界，正界又分为北正界和正界两部分。其中清政府主导下的初期建设主要集中于正界，北正界、副界及预备界在奉系政府执政时期得到了完善。

（四）组织机构与职能

1906年清廷设立奉天交涉使署开埠总局②，管理沈阳境内相关开埠事务，内设清丈课、税务征收课、埠政建设课③、工程课等部门。同时，在沈阳大西边门外设立清查房地局，划定开埠界址，并负责规划街道和马路建设。1908年，总局下添设会丈局，负责制定租地简章程、建筑条例以及经办土地出租等事宜。1911年改会丈局为开埠局。从相关机构组织和职能看，开埠总局实际上已是近代沈阳城市行政管理机构的一个雏形，在北洋政府奉系军阀统治时期被改为商埠局，机构与职能也随之扩大。

（五）租地方法

沈阳地方政府采取了一般通用的办法（效仿济南、长沙等自开商埠的办

---

① 包慕萍.沈阳近代建筑演变与特征（1853—1948）[D].上海：同济大学，1994:35.

② 鸦片战争之后，清朝的朝贡体制逐渐崩溃，对外交涉权利下移，新的外交体系开始形成。地方对外交涉机构相继设立，以此办理交涉事宜。开埠总局之所以属于交涉司，因为其性质属于对外交涉事宜。

③ 主要负责筹办司法警察、交通道路和市场公园的规划。

法①），根据《租地简章十六条》的规定，土地的经营权属于政府，其划分后向中外商民招租，从而进行商贸活动。会丈局将商埠内的土地进行清丈之后，将埠地为上、中、下三等，按土地等级定价出租。每等土地定永租价分别为250、200和150两白银。由于考虑到"地势尚有高低烦简之分，再于各等中分上、中、下，以二十两为递减"②。这样就划分出了三等九则九个等级的租地，租价按等级递减。同时规定土地租售按永租和年租两种形式，其中永租年限为40年，年租则采用折扣的方式促进商埠地的开发。③开埠总局制定的土地政策，具有明显的优点：第一，明确了土地使用者与土地的关系，土地使用者没有购买和转卖权，只有租用和转租权，这保证了政府对土地的所有权，还避免了土地投机活动；第二，政府通过出租可以获得资金，从而能够为城市建设积累足够的基金，同时商埠地也可以依靠商业投资和经营逐渐繁荣起来。

（六）建设内容

晚清时期的商埠地处于开埠之初，规划建设内容相对较少，主要集中于正界的建筑与马车铁道的修建。北正界是商埠地中开发较早、本地商家密集的商埠。这主要是因为其位置邻近京奉铁路，自然条件好，地理位置优越，所以投资者在此率先购地置产，格局因之自然形成。美、德、俄等国的领事机构以及其管辖下的工厂均集中于此，晚清管理机构如交涉局、商埠巡警局等也在此设立，聚集效应促进了此地的开发，这里成为清末沈阳城郊的繁华区域。（图3-3）而副界和预备界因地处沈阳城外西南，地势低洼，经常受到浑河水患的影响，从而成为多水沼泽之地，这两处的用地条件较正界处于劣势，因此暂时

---

① 济南商埠地的土地租用方法根据《济南商埠租建章程》按照位置规定不同的租价，离铁路越近的，因交通条件之便，土地价值越高。长沙商埠地租地价格，也是根据位置分为一、二、三等地，每亩10—25元。

② 徐世昌.东三省政略：1—12［M］.台湾：文海出版社，1965:2195.

③ 《租地简章十六条》规定，"每亩每年缴纳租价四十元，地丁税课等在内。租五年者，一次交足，按八折算，共缴每亩一百六十元，租十年者，一次交足，按六折算，共缴每亩二百四十元，均先交后用"；同时做了亩数的限制（第9条），"租地每人至少以十亩为限，至多以二十亩为限"；还做了特殊情况的说明，如"须设立公司以及大事业者，准其多租，但须先行报明"（第10条）。

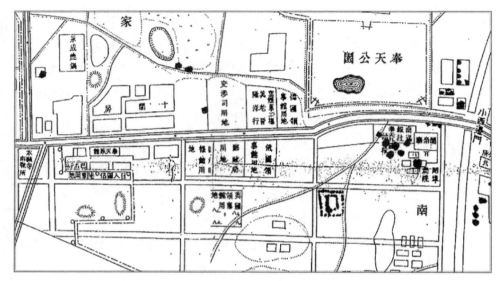

图3-3　商埠地正界建设图

没有得到开发与建设。

　　这个时期的道路网并没有得到规划，主事者仅仅修建了几条马路[①]，不过其中比较重要的是具有现代意义的沈阳城市公共交通工具——马车铁道[②]（图3-4）的修建，它成为连通附属地与沈阳传统城镇的主要纽带，一定程度上带动了沈阳商埠地与旧城的发展。沈阳商埠地直到奉系政府执政时，在道路网规划、街坊规划、功能分区、绿地规划等方面才有了实质性的发展。这个将在后面的章节中继续进行阐述。

---

① 1907年修建一纬路（即马车铁道的一部分，今市府大路）及附近二纬路、三纬路、五纬路等几条马路。1911年修建了十一纬路（大西边门至马路湾）。

② 马车铁道：以马匹为动力，在铁轨上牵引车辆行使的工具。1907年10月，在日本驻奉天总领事馆的干预下，盛京将军赵尔巽代表中国政府与日本成立了中日商办沈阳马车铁道股份有限公司，公司设在今胜利大街一段三里（今沈阳站北货场对面）。同时颁布相关章程："兴修之铁道分为两区，由火车站（今老道口南侧）至小西边门为第一区；由小西边门至小西城门为第二区。"双方签署契约，由中日双方共同经营奉天马车铁道15年，由中方公司经理委任，设董事5人，中方3人、日方2人，除技师外，运转手及其他员工由中国人担任。如果遇到重大事件，要召集两国股东会议，以超过三分之二多数议决为凭。

马车铁道的起点——奉天驿

"满铁"附属地铁道大街

商埠地十间房

马车铁道的终点——小西门

图3-4　马车铁道图

（七）城市管理改革

为适应近代城市的发展，清廷在商埠地进行改革，建立了一套新型的城市管理和控制系统。主要包括三部分：第一部分颁布相关的法规文件，如1907年8月颁布的《道路通行管理规则》；第二部分建立警察制度，摒弃传统的保甲防范形式，警察不但担负城市的社会治安职责，而且参与和监督道路工程等市政建设；第三部分成立清道队，改善城市环境卫生，使城市的环境整体得到改观。

第三节
晚清时期沈阳城市规划特征分析

一、拥有主权的自开商埠

晚清政府主导下的沈阳近代城市规划最大的特征是其自开商埠。沈阳作为近代东北自开埠城市之一，其近代的城市发展不同于上海、汉口等约开埠城市直接受租界的影响，不同于北京、南京等古都城市强调传统的延续，其突出特点表现在拥有主权的自开埠性质上。尽管外国势力对于商埠内的位置、管理、警务、土地出租及城市建设等都做了干涉，但是商埠内事务最终由中国政府做出决策并进行管理。开埠通商在某种程度上也促进了经济的近代化，从而使得中国的封建经济机制被纳入国际市场秩序中。同时随着对外开放空间的扩大，变革的因素渗入当地社会，商埠的发展客观上推动了社会变迁的进程。

二、城市多元的空间特色

这个时期由于商埠地的建设，在外力的冲击下，沈阳的城市格局再次被打破，由沙俄铁路附属地时期的双核城市向多核的近代化城市转变，形成了特色突出的三个区域：以车站为中心的附属地，以故宫为中心的沈阳古城，以市

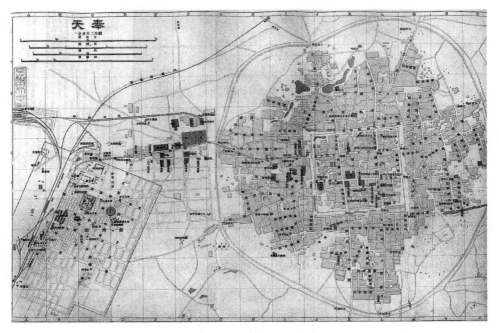

图3-5　晚清政府时期沈阳城市格局图

图3-6　日本领事馆

府大路为主的商埠地。它们共同构成了沈阳近代城市空间（图3-5）。商埠地内的建筑主要以外国领事馆（图3-6）及商贸公司为主，其多为西方古典主义的建筑风格，与古城传统的建筑风格形成了鲜明的对比，从而使城市在空间上发生变化，并为之后的发展打下了良好的基础。

小 结

晚清时期沈阳地区的政治行政统治具有明显的近代化倾向，"清代东北的边疆管理机构，通过晚清的官制改革，由三将军体制演变为建行省，设督抚，在行政、立法、司法等方面表现出了近代国家机构的特点，不仅从一个侧面反映了清朝由盛到衰，而且也在一定程度上反映了东北地区社会发展中的变化"[①]。鸦片战争之后，随着外国势力的侵入，西方近代城市行政管理体制被引入中国。沈阳地区的政治行政改革在一定程度上也受到了影响。清政府及东北地方当局通过实施新政，废除了旗民双重的管理体制，建立了统一的行省制度，不仅有利于消除满汉民族隔阂，而且实现了对东北地区的有效管理。同时，统治者建立了一套新的官制体系，如地方自治、审判、检察等机构。这些机构的设立，不仅在形式上具有西方政治体制的色彩，而且在运作过程中，也参照了西方相关体制的运行模式，为以后沈阳地区政治行政的进一步变革以及城市的发展奠定了基础。

晚清政府时期的沈阳近代城市规划，其规划内容主要集中于商埠地的建设，执政者通过制定土地租售的政策与实施办法，提高了沈阳城市的经济竞争力。灵活多样的土地经营、管理等政策快速推进了城市商业经济的发展，推动了自主建设城市的进程，商埠地成为中外贸易的中心以及工商业金融中心，城市功能不断完善，城市人口不断增加，促使原有城市规模不断扩大，促进了城市的近代化进程，同时也为奉系时期商埠地的发展提供了良好的条件。商埠地的建立，形成了沈阳旧城与日本"满铁"附属地之间的缓冲以及联系空间，在一定程度上遏制了日本殖民势力的扩张。

---

① 马大正.中国边疆经略史［M］.郑州：中州古籍出版社，2000:433.

第四章

"南满洲"铁道株式会社的沈阳"满铁"附属地城市规划（1905—1937）

1905年日俄战争后，俄国根据《朴次茅斯和约》将之前占据的长春以南至大连的中东铁路及其附属地所属的一切权利、财产、煤矿等，全部无偿转让给日本。[①]日本在东北南部铁路沿线建立的类似于租界的特殊地域即"满铁"附属地，"满铁"附属地完全排斥中国行政主权，具有殖民地性质。"满铁"附属地的近代城市规划是中国近代城市中外国殖民者制定的局部地区规划，属于殖民地半殖民地规划，这种局部地区的城市规划虽然具有相对的独立性，但是从一开始就在条理清晰的规划下进行。具有资本主义性质的城市公共基础设施、市政管理手段及城市的居住和贸易空间，在一定程度上促进了区域经济的发展，使得附属地内的城市在空间结构和社会结构上有了突出的变化，形成了不同于中国传统的城市形态。奉天[②]附属地的规划就是这种城市规划类型的典型代表，经过三十多年的附属地殖民规划建设，沈阳向东北重工业城市转变。同时由于近代沈阳政治势力的相互较量，在此形成了不同的行政体制，附属地、商埠地以及沈阳传统古城共同构成了沈阳近代多元拼贴的城市空间格局。

---

① 合约规定，"俄国政府允许由长春宽城子至旅顺口之铁路及一切支路，并在该地方铁路内所附属之一切权利、财产以及在该处铁道内附属之一切煤矿，或为铁道利益起见所经营之一切煤矿，不受补偿且以清国政府允许者均移让于日本政府"。

② 奉天：1657年清政府以"奉天承运之意"在沈阳设奉天府，故沈阳又名"奉天"。1929年当局改奉天市为沈阳市。

第一节

"南满洲"铁道株式会社与"满铁"附属地

一、设立及特征

1905 年日俄媾和会议后，根据签订的合约，俄国承认朝鲜为日本的势力范围，并将在中国辽东半岛的租借权和东省铁路"南满洲"支路长春以南的部分特权转让给日本。随后，日本派外相小村寿太郎于 12 月 22 日强迫清政府签订《中日会议东三省事宜正约》①三款和《附约》十二款。这样，清政府不仅承认俄国转让给日本的各项权利，同时不得不同意日本改建作为军用铁路而铺设的安奉铁路，而且改建后日本有权经营 15 年。②这样，日本拥有了在东北的特殊权益——"南满洲"铁路的经营权。

日俄战争后，"满洲军"参谋总长儿玉源太郎③与后藤新平④主张优先发

① 主要内容有：一、清政府承认日、俄《朴次茅斯和约》中给予日本的各项权利，允许开放凤凰城、辽阳、新民屯、铁岭、通江子、法库门、长春（宽城子）、吉林、哈尔滨、宁古塔（今宁安）、珲春、三姓、齐齐哈尔、海拉尔、瑷珲、满洲里共 16 处为商埠；二、设立"中日木植公司"，允许日本在鸭绿江右岸地方采伐林木；三、日本继续经营战时擅自铺设的安东（今丹东）至奉天的军用铁路至 1923 年，届期估价卖给中国。四、日本可在营口、安东和奉天划定租界。

② "满史"会.满洲开发四十年史：上卷［M］.东北沦陷十四年史辽宁编写组，译.北京：新华出版社，1988:92.

③ 儿玉源太郎（1852—1906）：日本陆军大将，子爵，明治年代大军阀。日俄战争时期任日本的"满洲军"参谋总长，战后升任掌握全国兵权的参谋总长。

④ 后藤新平（1857—1929）：曾当过日本内务省卫生局局长，1898 年至 1906 年在儿玉源太郎手下担任"台湾总督府"民政长官。1906 年就任"满铁"总裁，并致力于"满铁"的经营。1908 年被委任为递信大臣。1920 年就任东京市长，随后发表《东京市政纲要》，对东京进行城市规划和城市改造。

挥"南满"铁路在军事以及国防方面的功能，对"南满"铁路实行国营。他们提出"战后'满洲'经营的唯一要诀在于，表面上经营铁路，背地里百般设施"，在《满洲经营策梗概》中规定："使辽东半岛即'关东州'租借地内的统治机关和铁路经营机关截然分开。铁路经营机关必须故作除铁路之外与政治军事毫不相干的姿态。"铁路经营机关为"满洲"铁道厅，日方把它作为政府的直辖机构"担任铁路营业、线路守备、矿山开采、移民奖励、地方警察、农工改良、同俄国清国交涉事宜，并整理军事谍报，兼在平时负责部分铁道队技术教育工作"[①]。

日本政府基于上述考虑，于1906年6月7日以敕令第142号公布"南满洲"铁道株式会社文件，宣布由政府设立"南满洲"铁道株式会社（South Manchuria Railways Co，简称"满铁SMR"）。7月13日，日本政府任命由政府官员组成的"满洲"经营委员会的全体委员及国会议员和实业家等80人组成"满铁"设立委员会，儿玉源太郎任委员长。8月1日，由外务、大藏（财政）、递信（邮电）三大臣发布第14号关于管理和成立"满铁"会社事宜的命令书。8月18日，日本政府批准"满铁章程"。11月13日，明治天皇任命"台湾总督府"前任民政长官后藤新平为"满铁"第一任总裁。11月26日，在东京召开"满铁"成立大会，总部设在东京。1907年3月，"满铁"根据敕令第22号迁总部于大连。4月1日，"满铁"正式营业。这样，日本帝国主义侵略中国的重要机构之一——"满铁"，出现在大连。[②]（图4-1）

"满铁"实质上是根据日本政府特定法律设立的特殊会社，是代表日本国家意旨和代行政府职能的所谓"国策会社"，是一个以铁路经营为手段，执行种种国家重要任务的殖民地开发机构。"满铁"作为国策公司可以以行政机关和土地所有者双重身份对殖民地城市进行规划建设。假借贸易的名义征服印度、劫掠财富的东印度公司正是"满铁"经营的基本"范本"。

根据《南满洲铁道株式会社条例》以及《三大臣命令书》第14号的规定，

---

① 关捷.日本侵华政策与机构［M］.北京：社会科学文献出版社，2006:203.

② 李百浩.日本在中国的占领地的城市规划历史研究［D］.上海：同济大学，1997:108.

图4-1 "南满洲"铁道株式会社总部

"满铁"在运营中有以下几个特征：

（一）"满铁"的首脑由政府进行任命

"满铁"是具有国策使命以铁路公司形式存在的机构，它与按照一般商法设立的普通会社不同。"满铁"首脑由总裁、副总裁以及理事组成，其中前两者各一名，任期五年，需要经过日本天皇裁决及政府任命。后者四人以上，由股东选出，政府任命。"满铁"领导成员随着日本国内政治势力的消长而变化，"满铁"时期最重要的三位总裁即后藤新平、山本条太郎[1]和松冈洋右[2]，他们在"满铁"发展与殖民经营等方面发挥了重要的作用。

（二）"满铁"的资本构成由国家资本占主导

日本政府在财政上给予"满铁"优厚的支持。当时的创办资金为2亿日元，其中半数为国家实物投资，官民各半的投资原则贯穿了"满铁"整个阶段。[3]

（三）"满铁"的运营处于日本政府的监督之下

日本对"满铁"经营的监督，分为对中央监督机关的监督和所谓现地监督

---

[1] 山本条太郎（1867—1936）：1927年任"满铁"第10任总裁，其间进行了大胆的改革，推行经济化与务实化的经营管理方法，是"满铁"所谓的"中兴之祖"。

[2] 松冈洋右（1880—1946）：1935年任"满铁"第13任总裁，扩大了"满铁"的情报调查机构。

[3] "满史"会.满洲开发四十年史：上卷［M］.东北沦陷十四年史辽宁编写组，译.北京：新华出版社，1988:115.

机关的监督。前者经历了六个时期①，后者经历了关东都督府、关东厅以及关东军司令官三个时期。

（四）"满铁"对"南满洲"铁路的垄断

"满铁"主要依靠铁路运输的垄断来获得经济利益。由于当时辽河水运联结营口港的运输船队是日本"南满"铁路的最大竞争对手，因此日本初期采用"大连中心主义"政策，利用铁路与大连港的水陆联运对其进行打压，造成了以2500km辽河水系为背景的航运业的衰落，使得东北中部和北部的货物运输不得不依靠"南满"铁路进行运输。

（五）"满铁"不仅经营营利性事业，而且经营非营利的行政性事业

"满铁"的主要营利事业是铁路运输业，同时附带矿业、水运业等②，其营利性事业必须服务于日本侵略扩张的国策。而行政性事业涉及附属地内的土木工程、教育、卫生等属于国家行政性的事业。当时，日本设在东北的殖民地统治机构有关东厅、"满铁"、关东军以及日本领事馆四个，合称"四头政治"。关东厅掌握"关东州"的行政权，日本领事馆掌管"满铁"附属地的警察权，而"满铁"则享有除"关东州"以外的"满铁"附属地的一般行政权。

二、"满铁"附属地的形成与扩张

铁路附属地的建设始于1896年中俄签订的《合办东省铁路公司合同》，在第三章中曾提到过。根据条款，俄国人在修筑中东铁路时可以占有一定数量的土地，这些土地中用于铁路基地、车站、仓库、附属工厂和住宅建设的只占29%，其余的71%都是多余和空闲的土地，均由俄国高价出售或出租。俄国将铁路用地作为一种新的侵略形式，这主要体现在东北地区。至此，铁路附属地出现。通过中东铁路及其附属地建设，俄国逐渐将其侵略势力渗透到东北各地。

---

① 六个时期为递信、大藏、外务大臣时期，内阁总理大臣时期，内阁总理大臣与铁道大臣时期，拓务大臣时期，内阁总理大臣时期以及大东亚大臣时期。

② 1906年8月1日发表的《三大臣命令书》中确定了"满铁"的业务范围："该公司由于具有经营铁路的方便条件，因此，准予其经营如下关联业务——采矿、水路运输、发电、仓库、铁路附属地的土地和房屋的经营及政府许可的其他业务（第4条）。"

1905年日俄战争之后，日本与清政府签订《中日会议东三省事宜正约》[①]，日本正式取得"南满"铁路的修筑权，铁路线总长度为1129.1km。同时日本继续俄国的做法，并且将获取的"南满"铁路沿线之铁路用地称为"满铁附属地"。

"满铁"附属地是指"南满"铁路沿线属于"满铁"的用地。具体说来是指大连至长春704.3km、奉天至安东260.2km、旅顺线50.8km、营口线22.4km、抚顺线52.9km以及甘井子、浑河、榆树与这几条干线相连接的铁路沿线属于"满铁"的用地，其中包括许多大小不等的城、镇、市、街地以及抚顺、烟台、鞍山等地的广大矿区。至1908年铁路及附属地占地面积为182.76km²。其中，"满铁"附属地面积在1km²以上的就有大连、奉天、鞍山、铁岭、辽阳、昌图、安东、凤凰城等近30个附属地。（表4-1）为了避免列强效仿等多种原因，日本强行将远离铁路的矿山附属地、新市街等纳入"满铁"附属地。至1936年"满铁"附属地的总面积扩大到524.34km²。下面对其主要的几个附属地的增幅面积进行简单的介绍。

表4-1 　　　　　"满铁"附属地早期主要市街面积表（单位：km²）

附属地名称	面积	附属地名称	面积
大连	9.293	苏家屯	1.664
甘井子	1.594	新台子	1.156
奉天	11.727	盖平	3.332
鞍山	18.441	大石桥	3.676
安东	5.362	海城	2.439
抚顺	60.160	铁岭	6.350
辽阳	6.481	开原	6.634
长春	6.412	四平	5.477

资料来源：根据（日）"满史"会《满洲开发四十年史》（下卷）整理。

[①] 第一款，中国政府将俄国按照日俄和约第五款及第六款让于日本国之一切概行允诺。第二款，日本国政府承允按照中俄两国所订借地及造路原约实力遵行，嗣后遇事随时与中国政府妥商厘定。第七款，中日两国政府为图来往输运均臻兴旺便捷起见，妥订"南满洲"铁路与中国各铁路接联营业章程须从速令订别约。第八款，中国政府允"南满洲"铁路所需各项材料，应豁免一切税捐厘金。

（一）长春附属地

"满铁"设立后，于1907年强行圈占了中国政府预定作为商埠地和吉长铁路车站的土地4.7km²，同时还以长春车站用地的名义廉价收买下来，加上线路用地，至1908年，长春附属地共占地5km²。（图4-2）1911年5月，"满铁"又收买了长春水源地，占地0.8km²。[①]

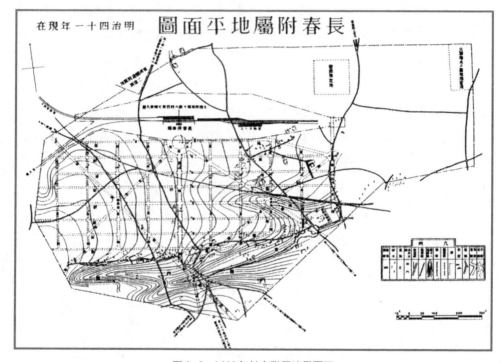

图4-2　1908年长春附属地平面图

（二）抚顺附属地

日本接手抚顺之后，为图抚顺丰富的资源，在此大量购买煤矿用地和市街用地，到1908年5月，"满铁"在抚顺收买了铁路及煤矿地4km²，随后逐年收买土地，至1931年，抚顺附属地面积高达60.16km²，成为"满铁"附属地中面积最大的区块。

---

① 苏崇民.满铁史［M］.上海：中华书局，1990:365.

（三）奉天附属地

沈阳作为当时东北地区的政治、经济及文化中心，同时"南满"铁路、安奉铁路、京奉铁路、奉海铁路均经此地，因此受到"满铁"的格外重视，在"满铁"附属地中占有特殊的地位，发展极为迅速。"满铁"接收奉天附属地时，附属地面积为$6.77km^2$。在之后的一段时间里，由于晚清政府与奉系政府通过开辟商埠地遏制日本的殖民扩展，因此面积增加不多。（图4-3）从1917年开始，"满铁"利用威逼、强买等手段扩张附属地。至1926年，奉天附属地总面积为$10.4km^2$，其中市街面积为$10km^2$，同时"满铁"还收买了附属地东南方邻接地带的$1.72km^2$土地，使附属地向南扩展。[①]

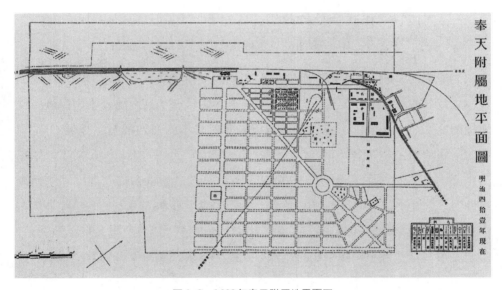

图4-3　1908年奉天附属地平面图

"满铁"附属地中的大部分土地是从沙俄承袭下来的，即中东铁路"南满洲"支线一段的附属地。除此之外，其来源还有以下几种方式：（1）日俄战争中日军占用后转让；（2）从中国地主那里收买；（3）从中国长期商租；（4）在开放城市长期租赁；（5）虽非"满铁"所有，但"满铁"能行使行政权的地

---

① 曲晓范.近代东北城市的历史变迁［M］.长春：东北师范大学出版社，2001:76.

方。"满铁"将这些通过武力侵占获得的土地归入铁路附属地，扩大了附属地范围，以铁路附属地名义在东北建立了自己的殖民统治区域。从以上附属地面积的增幅可以看出，其中大部分用地为市街用地，包括住宅、街道、学校、公园等，例如，奉天附属地纯铁路用地仅占7%。日本政府还颁布关于开发"满铁"附属地及经营其他关联业务权限的条款并设置地方部，地方部在附属各地设地方事务所，负责附属地的市街规划、房屋建设和土地管理等行政事宜。总之，"满铁"附属地是一个受制于日本、独立于中国行政系统和法律之外的"国中之国"。日本的真正目的是控制整个东北，并使东北成为其扩张势力和进行侵华殖民的新基地。

三、"满铁"株式会社的改组

九一八事变前，日本在东北实行的是所谓"四头政治"，即关东军、关东厅、"满铁"以及日本外务省系统设在各地的领事机关，四者各司其职。"满铁"与关东军具有军事联系，但前者对后者并非从属关系。随着中国民族主义思潮的高涨、奉系政府在东北的经营以及其对日本的强烈抵制，"满铁"主导下的附属地殖民经营陷入颓势。这使得日本国内军人势力崛起，形成了以军部为中心的日本军国主义政府，日本随后策划了"皇姑屯事件"以及"柳条湖事件"，不但改变了中日对峙的局面，而且形成了日本帝国主义的总代表关东军对东北的长期占领和殖民统治局面，进而改变了"满铁"与关东军的关系。由于关东军对"满铁"在东北的经营方式极为不满，关东军开始对"满铁"进行改组。关东军首先于1933年10月制定了初步的计划，内容为：将"满铁"各事业部分分离为独立会社，"满铁"自身变为控股会社；"满铁"附属地的行政权移交伪满洲国政府，并取消其治外法权。随后关东军于1936年10月1日对"满铁"会社进行大改组，主要内容是形成铁路和产业两大系统，即将"社线"与"国线"置于铁道总局之下，实行统一运营；调查与产业一体化，设产业部领导一切有关产业机关。前者是以铁路为中轴的"社业"运营中心；后者是适应"国策"的产业与调查中心。1937年12月，"满铁"附属地行政权移交，"满洲"重工业会社成立。前者标志"满铁"政治地位的最后丧失，"满铁"不再继续进行附属地的规划建设，后者则意味着"满铁"转向铁路交通会社的经营方向。1938年4月1日，"满铁"再次改组，日本当局将产业部撤销，重新设立调查部。

虽然"满铁"的政治及经济地位受到了很大影响，但由于它是代行日本国家职能的"国策"会社，不是一般的企业和经济团体；同时伪满洲国政权已经建立，其承担的"在'满洲'进行政治活动的任务"已经完成，因此日本对中国发动全面侵华战争后，"满铁"又重新担负起"更大的使命"。七七事变前后，"满铁"大举侵入中国华北乃至华中、华南地区，它对侵华战争的巨大投入是日本其他机构无法比拟的，"满铁"仍然作为日本帝国主义的特别政治力量存在。

第二节
"满铁"附属地的殖民统治及其分期

日本"满铁"附属地的殖民统治及规划建设活动以1931年九一八事变为界，大致可以分为两个阶段五个时期。两个阶段即以"满铁"为主导的殖民统治（1904.2—1931.9）和以关东军及"满铁"经济调查会为主导的殖民统治（1931.12—1945.8）。五个时期即军事占领的军政署时期（1904.2—1906.8）、军政"统治"的居留民会时期（1906.9—1907.10）、"满铁"的地方部时期（1907.10—1931.12）、关东军的特务部时期（1931.12—1934.12）和"满铁"的经济调查会时期（1935.1—1937.12）。这里需要说明的是，九一八事变之后，日本全面占领中国东北，并于1932年在其操纵下成立伪满洲国政府。其间伪满的行政部门与产业部门由关东军与"满铁"经济调查会实际掌控。1936年10月在关东军的主持下，"满铁"开始进行改组，1937年12月，"满铁"附属地的行政权交给伪满洲国，日本取消在中国的治外法权，"满铁"的政治地位完全丧失，转向以铁路交通会社为主的经营之路。"满铁"附属地的主要规划建设在九一八事变之前基本以"满铁"为主导，事变之后更多地着眼于整个城市的建设。因此这里主要介绍前期的殖民统治特点与分期情况，九一八事变之后的情况将进行简要说明，具体分期将在第六章"伪满洲国的沈阳城市规划"中进行阐述。

一、军事占领的军政署时期

1904年2月日俄战争开始后，日军在东北地区采取了与"关东州"[①]相同的、军政一体化的殖民统治方式，即在占领的各个要地设立军政署[②]和军政支署，以便有效地完成军需、劳力等征收任务。军政署长官为军政委员，受日本大本营、"关东州都督"及"满洲军"总司令部（后改为辽东守备军司令部）的管辖。同时军政署被赋予"满铁"附属地内的最高统治权，负责附属地内一切行政事务[③]，包括城市、建筑物及设施建设等，是日本在"满铁"附属地设置行政机关的开始。

二、军政"统治"的居留民会时期

1905年5月日本新设"关东州"民政署，代替军政署负责地方行政。1905年10月，日本成立了集军事侵略、行政于一体的殖民统治机关——"关东总督府"，成为日本在租借地和"满铁"附属地的最高统治机构。1906年9月日本公布"关东都督府"官制，规定"关东都督"除管辖"关东州"外，

---

① "关东州"是日本帝国主义独占的租借地。其最高行政长官是日本直接任命的总督，如同一个国家的政府机构。"关东州"来源于俄国迫使清政府签订的《旅大租地条约》和《续订旅大租地条约》中的旅大租借地。后俄国根据《朴次茅斯和约》将其转让给日本，范围主要为辽东半岛普兰店至皮口一线以南地区，同时包括复州凤鸣、西中、交流、平岛、骆驼等五岛，面积为3426km²。

② 到1905年奉天会战之后，日本在东北设立的军政署达到20个，包括奉天、盖平、辽阳、安东、奉城、铁岭等地。

③ 军政署的具体职责："为了方便军队，并且为了维持地方的安定秩序，执行必要的一切行政，制定了经军队司令官批准的规则。另外根据地方过去法规或参考日本法令进行刑事判决，还审判民事案件，并委任日本人监督，军司令官授权按指定地点征收租税。"

还负责对"南满洲"铁路的保护和取缔事务，监督"满铁"的业务并对铁路附属地保有警察和军事的权限。在"满铁"附属地内，府令第22号规定改军政署和军政支署为警务署和警务支署，警务署和警务支署负责附属地内的事务，执行行政、司法、警察权。1907年1月，警务署以府令公布《满铁附属地居留民会规则》，在瓦房店、大石桥、辽阳、奉天、公主岭、安东、抚顺等地设立居留民会。居留民会的行政体制实际上源于日本在租界实行的行政体制，由居留民选举产生的居留民会，是被赋予立法及行政权的机构，反映了日本殖民者从一开始就把附属地当作租界对待的野心。警务署是附属地内行使治安管理权的军事机构，附属地居留民会则暂时代替"满铁"执行行政职能，处理区域内有关居留民的卫生、土木、城市设施建设及公共利益等事项，并有决定区内税收、税金使用和向居民征税的权利。居留民会同时受警务署长与"关东都督"的监督。[①]

三、"满铁"的地方部时期

1907年4月，"满铁"正式营业后，根据日本政府关于"在附属地经营土地及房产""进行土木建设、兴建教育和卫生等必要设施"的要求，制定了公司的组织机构规程，设置地方部负责附属地的土地及市街建设规划。"满铁"本社的地方部是统辖附属地的中枢，各辖区的地方部办事处则是非法行使行政权的附属地地方政府。"满铁"最先在大连本社设地方部，随后在大石桥、辽阳、奉天、长春等地设置13个地方部办事处（1915年以后改为地方事务所）和12个派出所管理公共事务和土地、房产的出租事宜，包括市街规划、道路的修筑等事务。（表4-2）日本当局于10月废止附属地居留民会，由"满铁"代替居留民会进行经营。同时为把附属地的地方行政和连接附属地的邻近日本侨民地区的行政联系起来，1918年奉天、长春、安东等日本领事任命所在地的地方事务人员为特聘人员，"满铁"地方事务所长直接兼任总领事、领事和

① 李百浩.日本在中国的占领地的城市规划历史研究［D］.上海：同济大学，1997:76.

关东都督府的官员。[①]其中奉天地方事务所所长赤塚正助兼任日本驻奉天总领事和"关东都督府"事务官,反映了"满铁"与"关东都督府"政治一体的关系,这种殖民主义的施政关系持续了相当长的时间。

表4-2   "满铁"地方事务所概况

事务所别	派出所	设立时间	辖区
瓦房店地方事务所	2	1908.12	"关东州"界至盖平
大石桥地方事务所	2	1908.12	盖平至汤岗子、营口
营口地方事务所		1923.10	营口
鞍山地方事务所		1910.04	汤岗子至首山
辽阳地方事务所		1908.12	首山至沙河及烟台
奉天地方事务所	2	1908.12	沙河至新台子,苏家屯至姚千户屯
铁岭地方事务所		1908.12	新台子至中固
开原地方事务所		1914.04	中固至满井
四平街地方事务所	1	1914.04	满井至郭家店
公主岭地方事务所	1	1908.12	郭家店至刘房子
本溪湖地方事务所	2	1910.08	姚千户屯至草河口
安东地方事务所	1	1911.11	草河口至安东
抚顺地方事务所		1931	榆树台至抚顺

资料来源:根据关捷《日本侵华政策与机构》整理。

四、关东军与"满铁"经济调查会时期

九一八事变后,日本帝国主义的总代表关东军取代"满铁",开始对东北进行长期占领和殖民统治,形成了以其为主导的绝对统治。这个时期,"满铁"附属地虽仍然存在,但是日本已经全面占领东北,殖民统治及规划建设已经不局限于原来的范围,已经扩大至整个城市,使东北地区附属地化。1932

---

① 关捷.日本侵华政策与机构 [M].北京:社会科学文献出版社,2006:241.

年，在关东军指导下，"满铁"设置"满铁"经济调查会，关东军与"满铁"经济调查会成为殖民统治的中枢机构，后者隶属于前者。在他们的操纵下溥仪成立伪满洲国傀儡政府。其间伪满的行政部门与产业部门均由关东军与"满铁"经济调查会实际掌控。

第三节
沈阳附属地的城市规划历程与内容

一、"满铁"附属地的规划概况

（一）规划理念

"满铁"经营铁路附属地，一方面是为了满足铁路运营的需要，服务于"南满"铁路和安奉铁路，另一方面是为了排除中国行政权，推行日本殖民制度，保证"满铁"附属地成为日本控制东北地区以及掠取利益的基地。附属地的建设由"满铁"地方部直接负责，附属地的规划由有丰富殖民地规划经验的加藤与之吉[①]负责。街路规划为矩形方格网，火车站是附属地市街的中心。"市街道路采取矩形是现代城市的形式，也适合附属地平坦的地形；矩形地块更适合铁路线路的狭长形态。停车场是中心，有专用的马车道路与之相联，便于附属地特产的集中运输。"关于附属地的街道面积所占比例，"满铁"对欧美各国及日本国内主要城市的道路情况进行了比较，如柏林占26%、华盛顿占54%、巴黎占25%、东京占11%，考虑到未来城市交通量的频率，交通工具的种类以及建筑物的采光、通风、安全、城市景观等因素，加藤与之吉认为附属地道路面积占25%—50%较好，这样能够满足城市的交通、卫生等要求。各附

---

① 加藤与之吉：1914年至1923年任"满铁"土木课长。

属地的街道面积比例不尽相同，较小的如铁岭占11%，鞍山占13.2%，较大的如瓦房店、安东占28.5%，奉天占26.6%，其他附属地在20%左右，平均值为23%。

当局在规划中极为重视各附属地与传统旧城的联系，日本殖民者以附属地为据点，不断向外扩张，发挥附属地的物资集散作用，保持附属地与原有城市的联系，保证了附属地的发展与繁荣。[①]规划者在车站与旧城之间设置干线道路，在通过附属地中心区和重要区域时铺设有轨电车，路面宽度一般在20m以上，重点城市达到40m。

规划者对于附属地内土地的控制和规划采用分区的原则，在保证铁路用地和殖民统治所必需的官用土地（如办公、军队、宗教等）前提下，将附属地内分为住宅、商业、工业、混合以及粮栈等几区，同时还设有公园及公共设施用地。1916年日本制定了各用地分区内的建筑密度限制规定，1919年实施了《附属地建筑规则》，对建筑高度、占地面积、结构以及设备等做了详细规定。

（二）建设概况

市街是"满铁"在附属地内建立的贸易和居住地区，这是"满铁"经营附属地的重点。"满铁"建立后，即着手附属地的市街经营建设，最先完成了对铁路沿线15个重要城镇附属地[②]的实地测量，并在此基础上进行城区规划建设，为附属地的发展奠定了良好的基础。由于附属地的性质、位置等都有差异，"满铁"在经营和规划时的深度也有所不同。但总体上都是先确定规划方针及附属地的性质，再确定用地分区，进行道路网规划及其他公用设施的建设，从而使附属地相较之前东北城市的建设更加先进与完备，进入了所谓"近代城市规划的时期"。（表4-3）

---

① "本公司非常注重附属地与原有中国人街区的相互协调，拟规划住宅、商业、粮栈和工业四个区域，争取实现日中双方街区的共同发展。"参见越泽明.伪满洲国首都规划［M］.欧硕,译.北京：社会科学文献出版社，2011:53.

② 15个城市即瓦房店、盖平、熊岳、大石桥、海城、辽阳、奉天、铁岭、长春、公主岭、四平街、开原、鞍山、抚顺、本溪。

表4-3 **"满铁"主要附属地的规划概况**

附属地名称	附属地性质	规划过程	用地分区	道路设施	公园设施
瓦房店	军事要地，"南满"支线重要车站	1907年制定市街规划，1910年制定扩大规划，1923年变更扩大规划	住宅用地（铁路以东），商业用地（站前及西部），工业用地（铁路西北），公园用地（西北）	矩形道路网，主次干道宽11—27m	站前公园、旭山公园
大石桥	建筑用石材产地	1907年制定市区规划，1919年制定附属地建筑规则，1925年修订规划	住宅、商业、粮栈用地（铁路以东），工业用地（铁路以西）	矩形道路网，主干道宽18m	站前公园、蟠龙山公园
鞍山	以钢铁为根本的工业大都市	1916年制定规划	中国人住宅、商业用地（铁路以西），工业用地（铁路以西）；日本人住宅用地（铁路以东），商业用地（铁路东、西），公园用地（东部丘陵）	铁路以东采用以车站为中心的放射矩形道路网，主干道宽36m；铁路以西采用棋盘形路网	站前公园、朝日山公园、中央广场、山林绿地及五个儿童公园
辽阳	铁路运输与军事要地，远期为工业城市，重要车站	1907年沿袭俄国规划，1920年制定扩大规划	陆军、工业用地（辽阳河以西），居住用地（白塔街以东），商业用地（白塔街以东），粮栈用地（辽阳河右岸）	以车站为中心，车站与辽阳城之间设主干道，宽40m，矩形道路网	白塔公园
奉天（沈阳）	"满洲"经济产业中心，国际城市及未来"满洲"中央府，"满洲"的一大交通中心	1907年制定第一期规划，1920年制定第二期规划	工业用地（铁路以西），商业用地（铁路以东），公共设施用地（浪速通即今中山广场附近），住宅与混合用地、公园用地（南、北三角地，圆形广场），军用地（市区北部的兵营及练兵场）	车站与奉天城之间设主干道，路幅为11—36m，支路宽5.4m，构成放射矩形式道路网	春日公园、千代田公园（今中山公园）、浪速广场、平安广场

（续表）

附属地名称	附属地性质	规划过程	用地分区	道路设施	公园设施
铁岭	交通要地、工矿城市、物资集散地	1907年9月制定第一期规划，主要为道路规划，之后制定第二期市街规划	工业用地（铁路以西），市街用地（铁路以东）	车站前主干道宽27m，与铁岭城的联系道路北五条通宽22m，矩形式道路网	铁岭公园
长春	"满铁"线与"北满"线交汇处，交通要地	1908年制定市街规划	分为南、北两部分。粮栈与工业用地（铁路以北），商业、住宅用地及一部分粮栈用地（铁路以南）	中央大街宽36m，日本桥通宽27m，二者为主干道，一般道路宽度11—36m，4个广场，放射矩形式道路网	东、西两个公园
四平街（吉林四平）	交通要地，近代工商业城市	1909年制定最初的市街规划，1916年变更市街规划，1922年、1923年再度研究制定市街规划	以铁路线分东、西市区，西区为第一期，东区为市区发展用地。东区分工业及粮栈用地（铁路以东、共荣大街即今英雄大街以南），兵营及工业用地（共荣大街以北），粮栈用地（停车场内侧），商业及住宅用地（铁路以西）	以车站为起点，以至八面城方向的中央大街为主干道，构成矩形式道路网，道路宽度11—18m、27m	四平街公园
安东（今丹东）	交通要地，贸易大港，物资集散地	1906—1929年分别进行新市街与"满铁"附属地规划	以火车站分东西两区，东面为居住区，以居住、商业用地为主；西面为工业区，以工业用地为主	附属地规划道路宽度分为5m、15m、20m、25m不等，构成矩形式道路网	

资料来源：根据李百浩《日本在中国的占领地的城市规划历史研究》博士论文（第131-132页）整理。

"满铁"将沿线附属地分为以下四种类型:一是建设于较大都市近郊的附属地,如沈阳、长春(图4-4)等,在这两个城市中,附属地、传统城区以及位于二者之间的商埠地,构成了多元拼贴、风格迥异的城市空间格局,同时由于这两个城市特殊的政治环境及地理位置,"满铁"对其进行了重点建设;二是

1. 长春车站 2. 宽城子附属地
3. 工业地域 4. 学校
5. 驻军用地 6. 市场
7. 住宅用地 8. 医院
9. 长春城 10. 长春商埠地

图4-4 长春附属地规划图

新建于农村或荒野,并逐渐发展为农产品集散地的附属地,如开原、公主岭、大石桥(图4-5)等;三是具有工矿城市性质的附属地,如抚顺、本溪、鞍山等,这三个城市是"满铁"成立后购置土地规划时建设的;四是具有港口城市性质的附属地,如营口、安东等,这两个城市是当时日侨管理的城市,后由"满铁"负责管理。实际上"满铁"大部分附属地都建在中国城镇的附近。

"满铁"附属地的城市与其他中国近代城市不同,"满铁"附属地的规划都是立足火车站,以为之服务的商业活动为中心进行规划的。由于"满铁"的侵略本质,附属地在建设中也体现出明显的殖民统治意图。"满铁"附属地实际是日本帝国主义侵略中国的产物。日本政府要通过"满铁"在东北境内确立日本的势力范围,建立起一个殖民侵略基地,从而把侵略的触角伸入东北的腹地。"满铁"附属地为日本对中国进行军事侵略、经济掠夺以及文化侵略创造了必要的条件,使得整个东北的政治、经济以及思想逐渐殖民地化。因此"满铁"附属地的城市规划,从根本上来说是为日本殖民者服务的,反映的是日本政府的政治意图。

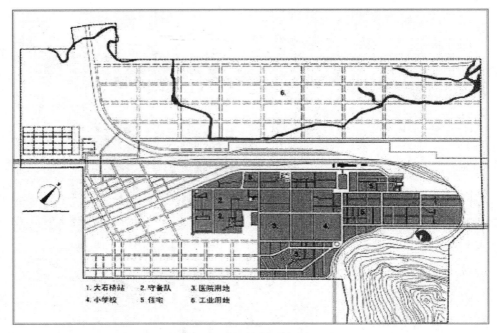

1. 大石桥站　2. 守备队　3. 医院用地
4. 小学校　5. 住宅　6. 工业用地

图4-5　大石桥附属地规划图

二、沈阳附属地的规划过程及内容

　　1905年《朴次茅斯和约》签订后日本获得沈阳铁路的修筑权，并接管原来俄国铁路附属地，建立了"满铁"附属地，沈阳出现了由"满铁"附属地、商埠地以及传统城区共同构成的近代城市空间。沈阳当时是东北地区的政治、经济及文化中心城市，"南满"铁路、安奉铁路、京奉铁路均经过此地，因此受到"满铁"的格外重视，在"满铁"附属地中占有特殊的地位。日本殖民势力为把沈阳建设成殖民东北及占领东亚的中心城市，至1931年前以"南满"铁路为依托进行了对沈阳"满铁"附属地的殖民地规划建设。这个时期奉系政府掌控了东北，奉系政府对传统城区进行自主建设，出现了奉系军阀与日本殖民势力竞相发展的政治局面，形成了"满铁"与奉系政府在城市空间上的东西对峙，客观上促进了沈阳的近代城市规划发展。九一八事变后，日本全面占领沈阳，此时日本殖民者能够不受拘束地实现其规划意图，因此之前多元化的城市空间格局被重新整合起来。同时日本殖民者在附属地建立了新的工业区，沈阳成为日本海外殖民工业基地与战争基地。沈阳附属地的规划过程与内容，与"满铁"行政管辖主体的演变过程基本一致，主要分为以下几个时期：

（一）奉天军政署时期（1904.2—1906.8）

1904年日俄战争之后，日本便在其占领的殖民地设置军政署。奉天军政署于1905年3月15日在沈阳建立，它是沈阳地区的第一个公开的殖民管理机构，是日本对沈阳实行军事占领及统治的机构。这个时期其主要任务是接管从俄国转让过来的铁路、土地、车站、建筑物及其他附属地设施，此时并没有规划活动，只是在局部按照俄国的规划继续建设，如建设银行、领事馆等。

（二）奉天居留民会时期（1906.9—1907.10）

这一时期日本虽然成立了"满铁"公司，但一方面居留民会的行政体制使得日本当局只能把附属地当作租界来经营；另一方面居留民会的日常行政重点是进行市政建设，以满足日本人在附属地的居住、经商之要求，因此，这一时期日本也没有全面规划附属地，只是进行了一些必要的市政建设而已。如为开辟日本人生活区，当局修建道路、设置公共交通体系，修建了从老道口到小西边门的十间房大街，全长1900m；并于1907年10月与当时的清政府合办马车铁道股份有限公司（图4-6），在十间房大街的基础上修建了具有现代意义的沈阳城市公共交通道路——马车铁道；同时当局还建设了住宅、学校、医院以及警察署等机构（图4-7）。

图4-6 中日合办马车铁道公司

奉天"满铁"小学校

奉天"满铁"医院

奉天警察署

图4-7 奉天居留民会时期公共建筑

（三）奉天地方部事务所时期（1907.10—1931.12）

1907年7月，"满铁"在沈阳建立地方部事务所[①]（图4-8），开展对所管土地、房屋的出租业务。随后"满铁"于10月废止居留民会，由地方部直接

[①] "满铁"地方部事务所：约1920年，原"满铁"地方部事务所因破旧和规模狭小而不适应日本大规模侵略的需要，"满铁"便在原址重新建筑了一座兼有中国和日本古建筑风格的新楼，于1921年落成。该建筑由日本人设计施工，占地4100m²，建筑面积3000m²，为封闭的四合院式，绿脊黄琉璃瓦顶。现为沈阳市少年儿童图书馆。

经营所有事务,包括行政、司法、教育、警察、驻军、铁路等各项权利,并负责附属地的经营与建设,沈阳附属地进入正式的城市规划与建设时期,此时奉天附属地面积为6.77km²。1907年地方部进行了第一次市街规划,

图4-8 "满铁"奉天地方事务所

至1918年在原有土地上建设完毕。在这段时间里,由于晚清政府和奉系政府相继开辟商埠地,并采取措施对附属地进行遏制,日本的殖民扩张阴谋没有得逞,因此面积没有增加。随后"满铁"使用威逼、强买等手段扩张附属地。1920年地方部开始进行第二期市街扩张计划,1926年,地方部购买了原商埠地预备界1.72km²的土地。附属地开始向南扩展,总面积增至10.4km²。

1.用地分区。分为居住、商业、工业、混合、公园、公共设施及其他用地,附属地以铁路为界分为东西两部分。铁路以西为工业用地[①],用地小并且狭长,其他用地均在铁路以东地区分布。(图4-9)其中商业用地、住宅与混合用地集中分布于放射道路之间,公共设施用地分布于中央大广场[②]南部区域,公园用地分布于附属地内南北、三角地以及广场处,军用地则分布于市区北部的兵营及练兵场。

2.道路系统及街区划分。道路网形式为矩形形式,并配置三条放射斜路[③],

---

① "满洲"制麻株式会社、"满洲"窑业株式会社等日资企业在此建厂。

② 中央大广场:今中山广场,占地面积1.35hm²,中山路、南京街、北四路与其交汇。

③ 三条放射斜路:1910年沈阳大街(今中华路),日本人曾将其更名为"千代田通",全长1.4km,宽36m;1912昭德大街(今中山路),曾更名为"浪速通",全长2km,宽28m;1914南斜街(今民主路),日本人曾将其更名为"平安通",全长1650m,宽23m。

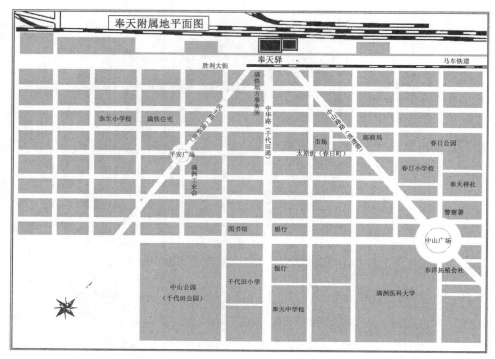

图4-9　奉天附属地平面图

构成以奉天驿车站[1]为中心的放射矩形道路格局，通向铁路车站的干道路幅最宽为36m，最窄为11m，支路宽度为5.4m。此外，根据用地性质，确定道路宽度，如商业区为11—36m，居住区为11m和14.5m两种，街区内小路为2.7—5.5m，从车站向南延伸的主干道（图4-10）为36m。附属地内街区规划为60m×110m的标准长方形地块。

3.城市形式。道路格局基本决定了城市空间形式。放射矩形路网交汇成的中心圆形广场是附属地内显著的空间标志，其中半径65m的中央大广场是附属地内建设的第一个广场，同时地方部在站前也设置了广场（图4-11），以上构成了车站广场结合放射道路的组织方式。这种在协调交通的同时，设置广场并在其周围配置大型公共建筑，创造优美城市景观的规划手法，是"满铁"附属地的一般模式。（图4-12）此外，设置广场也为了防止矩形街区的城市过于单

①　奉天驿车站：今沈阳站。

图4-10　中华路

图4-11　奉天驿站前广场

图4-12　中央大广场全景图

调以及失去个性。[1]

4.公园规划。沈阳附属地设有两个公园，其中春日公园（图4-13）建于1910年，占地6.4hm²，位于附属地东北部区域，公园主题主要为日本宣扬的殖民文化。后随着周围建设区的扩大，用地逐渐被占，公园面积不断减少，最

---

[1]　加藤与之吉说过："这种具有宏伟建筑物的市街，在体现市民公共精神美的同时，可以实现未来伟大之城市，了解规划中人为因素之必要性。"在这种思想指导下，地方部建设了车站停车场、广场及周围之公共建筑物。

后不复存在。1926年地方部建成综合性公园——千代田公园[①]（图4-14），占地20hm²。园内设施较为齐全，公园不仅美化环境，同时给民众提供了娱乐休闲场所，成为城市中重要的公共空间，即使现在也是沈阳的主要公园之一。

图4-13 春日公园

图4-14 千代田公园

5.市政公用设施规划。附属地位于沈阳传统城区的西南部，相较传统地区所具备的有利地势条件[②]，附属地内地势低洼，常年积涝，故日本在此进行基础设施建设的同时，较为重视排水设施。附属地的排水规划开始于1909年，最初的下水道为木板明渠、砖砌明渠，后改为木板有盖暗渠、砖砌暗渠及水泥管道暗渠。至20世纪20年代中期地内排水网络基本形成。"这些排水设施的

---

① 千代田公园：今中山公园。1919年地方部规划了面积为20.4hm²的公园预定地，首先辟建苗圃。1924年地方部制定公园建设规划，1926年公园初步建成，园内设有泳池、野球场、运动场、儿童徒涉区等设施，种有大量树木。

② 沈阳传统城区地势较高，最高点海拔达65m，周围地势均低，尤其是东南到西南浑河沿岸地区地势更低，最低处海拔只有36m。这种地势利于旧城区雨、污水的自然流散。

建成使用，改变了以往雨水滞积的忧患和卫生条件。"同时为满足生活用水的需要，"满铁"于1915年完成了水塔的修建及给水管道的铺设，在附属地内形成了较完善的区域性给水系统。[①]

6. 城市建筑及建筑控制。"满铁"为了更好地经营附属地，从日本国内招聘设计师，在附属地内兴建了许多建筑。主要包括五类：为铁路提供配套服务的火车站舍、旅馆、医院、邮局等公用设施，如1910年"满铁"建成的规模最大的奉天火车站和1929年建成的近代西式大和旅馆[②]等；"满铁"职员住宅建筑，如1910年建设的标准化一户独立式高级住宅和两层四单元的欧式楼房；巨资兴建的文化、教育设施，如1921年建成的奉天图书馆、1922年落成的"满洲"医科大学等；工商业建筑，如奉天"满蒙"毛织株式会社；宗教建筑，如奉天神社。这些建筑项目的建设使得附属地内出现了与中国传统建筑风格迥异的建筑。（图4-15）

图4-15　奉天附属地近代建筑

---

① 1918年出版的《奉天铁道附属地概况》记载："大正四年（1915年）实行了会社供水规则。"
② 大和旅馆：今辽宁宾馆。

在租赁土地建筑物的形态问题上，"满铁"最先制定了《家屋建筑制限规程》，规定不可随意进行建筑活动。1926年11月，"满铁"制定了建筑面积率标准——住宅区域为30%—70%，商业区域为40%—80%，粮栈及工业区域限定在70%以内。1919年3月，"满铁"对建筑物的构造也做了规定，在沈阳等11个主要附属地制定了建筑物高度标准——主要街路两侧的建筑物高度要达到7.5m以上或者2层以上。1925年7月，"满铁"在规定中又加入了卫生、防火等内容。建筑面积率标准规定了最低限度，避免了空地现象，提高了土地的使用效率；高度标准的制定，则达到了美化街区的目的。①

（四）关东军与"满铁"经济调查会时期（1931.12—1937.12）

1931年九一八事变后，日本全面占领沈阳，成立日本关东军特务部与"满铁"经济调查会，二者成为日本殖民统治的中枢机构，并且操纵成立伪满洲国傀儡政府，伪满行政部门与产业部门由关东军实际掌控。伪满逐渐取代"满铁"，负责城市规划的制定与建设。日本将沈阳作为经济、工商业大城市开始进行建设。这个时期附属地在原来的基础上急剧扩张，其范围扩大，浑河北岸7.59km²的土地、铁西地区约5km²的土地成为工业用地。（图4-16）此时日本的殖民统治及规划建设已经不局限于原来的范围，而是扩大至整个城市。在伪满政府的《大奉天都邑计划》下，沈阳多元拼贴的城市格局得到了统一，伪满政府开始进行城市总体规划，这个将在后面东北沦陷时期进行介绍与分析。

三、沈阳附属地的规划建设过程

沈阳附属地的规划建设过程，可以分为以下四个时期：

（一）"承前启后"时期（1905—1914）

这个时期"满铁"当局在继续俄国附属地规划的同时，逐渐制定第一次体现日本自身殖民意图的市街计划，并开始按照规划，进行附属地内公共设施的建设，如奉天驿车站、马车铁道、奉天医院、"南满"医学堂、"满洲"制麻株式会社以及奉天神社等。

---

① 越泽明.伪满洲国首都规划［M］.欧硕，译.北京：社会科学文献出版社，2011:67.

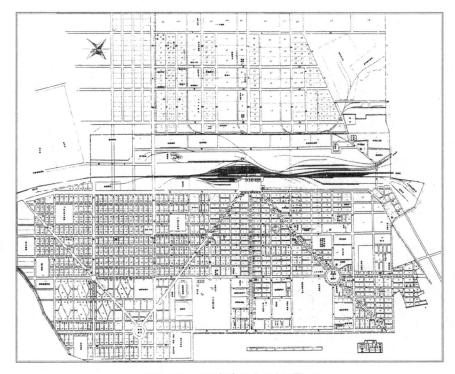

图4-16 1936年奉天附属地平面图

（二）规划扩张时期（1915—1924）

1915年，根据"二十一条"的要求，日本在"南满"铁路和安奉铁路的权益再次延长99年，并取得了土地商租、居住与贸易等权利。[①]随后奉天地方部事务所于1920年制定了第二次市街计划，并且不断扩张用地范围，使建设量大幅度增加。这个时期地方部在沈阳完成了以车站为中心的放射矩形道路网、广场等市政公用设施的建设。

（三）建设停滞时期（1925—1930）

这一时期，以张作霖为首的奉系政府掌管了东北的地方政权，国内民族

---

① "二十一条"共五号，"日本国在'南满洲'享有优越地位"为第二号。主要内容为：一、两订约国互相约定，将"南满洲"及安奉两铁路期限，均延长99年；二、日本臣民在"南满洲"营造商工业应用房厂，或为耕作，可得其须要土地之租借权和所有权；三、日本臣民得在"南满洲"居住往来，并经营商工业各项生意；四、中国政府允将"南满洲"各矿开采权，许与日本臣民。

主义思潮高涨，以一切手段接收铁路、抵制日本人，不承认"二十一条"，对"满铁"的铁路建设、附属地用地等加以限制，沈阳及其他附属地的建设出现停滞。主要体现在：平行"满铁"线修建中国铁路，如东北第一条由中国人建设并独立控制的奉海铁路；建设与附属地抗衡的中国人市区，如发展商埠地，建立南北市场，更新沈阳传统城区，建设新型工业园区等，形成了与日本殖民势力相抗衡的奉系空间，遏制了日本殖民势力的扩展。

（四）"行政权属转让"时期（1931—1937）

随着关东军势力的崛起以及《满洲国指导方针要纲》[①]的推行，形成了关东军对东北的长期占领和殖民统治，关东军开始逐渐改变"满铁"的地位。1935年日本内阁做出了转让"满铁"附属地行政权的决议，"满铁"作为"四头政治"之一的地位完全丧失。1937年12月"满铁"附属地的行政权正式转让给关东军与"满铁"经济调查会操控下的伪满洲国，实质是整个城市的附属地化。这一时期，关东军特务部、"满铁"经济调查会以及伪满洲国共同制定沈阳的城市规划。

第四节
与"满铁"株式会社时期的东北重要城市的比较

一、鞍山附属地

鞍山地处辽东半岛中部，是东北地区最大的钢铁工业城市。鞍山在铁路建设之前是一片原野，日俄战争结束后，"满铁"接手鞍山，其地质调查会在

---

① 1933年8月8日日本政府制定要纲，明确规定"在现行体制下，在关东军司令官兼驻'满'全权大使的内部统辖下，主要通过日本官吏实际执行"。

此发现大规模铁矿后即以中日合资公司的形式获得了对鞍山的采矿权。[①]日本的军事扩张主要依靠国内工业及经济的发展，但日本受自身地理条件限制，且日本矿产资源匮乏、国内市场狭小，使得其对原料的需求日益加重，因此附属地内资源型城市的建设成为其殖民和经营的重点。从1917年"满铁"正式筹备鞍山制铁所到1918年5月15日制铁所正式成立，在此期间，"满铁"以建立工厂为由，大量收买土地，使得鞍山附属地的面积迅速扩大。随后"满铁"以制铁所为核心，对附属地进行了规划。

从城市的性质来看，鞍山附属地拥有丰富的矿产资源，巨大的钢铁产量对日本工业化的发展以及军事侵略扩张有至关重要的影响，因此"满铁"会社的目标是将其建设成以钢铁为根本的工业大都市，与沈阳附属地的本质是一致的，都是为日本的殖民统治服务。从城市规划的行政机构来看，鞍山具有资源型城市的特殊性，因此该地管理机构与沈阳等附属地的机构有所不同，前期由鞍山制铁所负责，从1920年开始，日本方面将工厂的经营和市街的规划建设分开，市街土地、土木设施和住宅从制铁所划出归"满铁"地方部进行管理。从城市规划的内容来看，鞍山附属地的规划主要以铁路为界限划分用地，铁路以西为工业

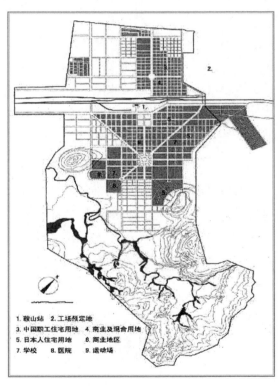

图4-17 鞍山附属地平面图

---

① 1915年5月，日本迫使袁世凯接受"二十一条"后，"满铁"即利用汉奸于冲汉（北京政府外交部奉天交涉员）为其效劳，由"满铁"奉天公所长镰田弥助和于冲汉成立中日合营的振兴矿业公司。

用地，以东则为居住、商业及公共设施用地等。在道路网规划方面，以鞍山车站为中心，采用放射状矩形道路网布局形式，同时配合城市广场、绿地等，而西部则采用矩形道路网，街区尺度比东部大，这种布局手法与沈阳附属地的规划基本一致。（图4-17）日本对鞍山附属地的规划以重工矿开发为目标进行建设，使其成为其他附属地资源型城市的典型代表。

二、安东附属地

安东[①]地处辽宁省东南部，是连接朝鲜半岛与中国及欧亚大陆的主要通道，地理位置十分重要。与前面提及的牡丹江市一样，在19世纪中期之前，安东只是一个边陲小镇，城市发展较为缓慢。1876年清政府在安东设县治后，随着鸭绿江水运的开发，城市进入新的发展时期。1904年安奉铁路动工，1906年安东开埠通商，这使得城市规模扩大，安东开始了近代化的进程。1905年日俄战争后，日本强迫清政府将安东的大半个城市[②]划给"南满洲"铁道株式会社管辖，而其余部分则是属于中国政府管辖的旧市街，随后日本开始了附属地的经营。由于安东地位的特殊性，因此"满铁"十分重视对其的规划建设。安东附属地的规划，与沈阳附属地的规划过程基本是一致的。

从城市的性质来看，安东是鸭绿江及浑江流域的物资集散地，开埠之后安东成为东北第二贸易大港，并且拥有连接朝鲜及日本水陆交通的便利条件，因此安东被日本殖民者视为侵略中国的重要基地、商品倾销的集散地和东北资源输送日本的要道，日本方面即以此为目标进行城市规划建设。从城市规划的行政机构来看，安东与沈阳一样，都经过了军政署、居留民会以及"满铁"地方部三个规划行政机构管理时期。[③]从城市规划的内容来看，日本殖民者针对安东附属地的情况，以铁路为界对其分东西两期进行规划。第一期主要是集中

---

① 安东：辽宁省丹东市在1965年之前的旧称。

② 即安东当时的七道沟和六道沟一带。

③ 1906年，日本人在安东设立领事馆、安东警察署和日本居民行政委员会。1923年后，日本人在安东陆续成立"满铁"地方事务所、安东商工会议所、安东宪兵队等，并开始在附属地内建工厂、办学校、修马路、建住宅等。

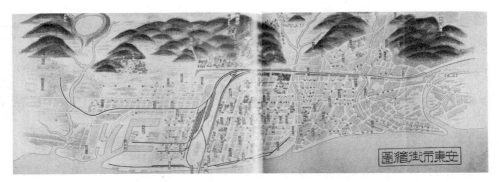

图4-18 安东附属地鸟瞰图

于火车站东侧区域的道路网规划，规划者采用矩形道路网系统，主要为居住生活用地，同时由于该地地理位置的关系，规划者规划了防水堤坝，在一定程度上扩大了与中国原有旧市街的隔离。1919年，"满铁"对建筑物的构造进行了规定，从而使得安东附属地与沈阳附属地一样有了相同的建筑物高度标准，起到了美化街区、保持街道空间与视觉连续性的作用。第二期规划延续了一期中的矩形道路网布局形式，铁路以东以居住、商业用地为主，以西则扩建为工业用地，街廓尺度为适应工业的要求，与之前相比有所放大。（图4-18）这种用地布局形式与沈阳附属地的布局基本是相同的。同时，日本殖民者对安东附属地的规划也影响了中国传统市区的建设。

第五节
沈阳"满铁"附属地的城市规划特征分析

一、"满铁"株式会社主导下的多元化的城市规划思想

从对沈阳附属地的城市规划历程与内容的分析可以看出，近代沈阳附属地的规划在"满铁"株式会社的主导下，主要受到西方古典主义规划、欧美功

能主义规划以及日本在台湾地区的殖民主义规划思想的影响。"满铁"附属地的规划均由"满铁"独立完成,所以各地规划结构有着相同的特征。即大多采用以车站、广场为城市中心的放射式城市结构,道路网呈矩形;强化城市构图美的特征,用城市规划的物质形式来表达日本殖民者的统治意志和政治理想。其中较为典型的城市即沈阳、长春、抚顺以及本溪。

沈阳附属地的规划基本采用放射形道路系统,以此连接城市的广场及其他重要节点。具体说来就是以火车站前的广场为原点,向城市方向放射出间距大致相等的三条道路,以减少方格网规划所产生的城市单调性。这种手法被称为"三支道的道路系统"[①],它是西方古典主义规划思想的一种表现形式,其目的是有效地呈现城市宏伟壮丽的空间效果。日本殖民者之所以采用这种形式,是因为三支道系统的景观可以将景物较好地包含在人的单一视野中,中轴对称的构图可以造成无限深远的透视,将整个城市的视觉焦点集中在城市的入口处,创造出从城市入口至整个城市充满秩序、宏伟之感而又错综复杂的空间体系。轴线的可延伸性也为城市未来的发展预设了骨架,提供了方向。[②]同时,受日本居住文化[③]以及1889年东京市区改正设计的影响,规划者采用矩形道路网小街区的城市布局,这有利于缩小街区面积,增加道路长度,表现出明显的商业性质。矩形道路网也可以增加临街面的比例、交通流线的可达性以及市政施工与规划管理的一致性。

"满铁"在制定沈阳附属地规划时,又引入欧美近代功能分区的手法,将沈阳的市街用地分为居住、商业、工业、粮栈、公园等分区。具体说来就是以车站为中心,形成扇形布局结构,并采用矩形布局从土地用途上进行划分。规划中主要用地并不是近代城市中出现较多的工业、对外交通等用地,反而是日本人的住

---

① 三支道的道路系统:产生于文艺复兴初期,以某处空间节点为核心,以三条道路组成放射状道路系统,将不同特征的相关城市区域加以凝聚。

② 王骏.中国近现代城市规划中的西方古典主义思潮研究[D].武汉:武汉理工大学,2009:33.

③ 这里引入町的概念,日本的城市是由许多个町构成的,町是城市的基本单元。一个町覆盖数个街区,自成系统。在近代的城下町中,町把道路吸收进来而形成的线路式区划结构是基于町的概念而成的。传统日本城市的城市密度较其他同期大城市要高很多。

宅与商业用地。其中，住宅建设以为"满铁"社员提供高级住宅为中心，而商业用地在街区所占面积的比例中较高，为41.5%[1]，反映了日本殖民者转借功能主义规划理论，以实现殖民扩张的规划要求。在这类用地分区中，比较特殊的是粮栈的设立，它位于车站附近，沈阳地区的粮栈建于1913年[2]，粮栈完全服务于车站的粮食运输及储备等货运经济，显示出"满铁"附属地的经济掠夺性，体现了日本以经济贸易职能为中心的殖民需求。同时附属地内站前用于居住、商业和站后用于工业的土地利用模式，使得附属地在铁路两侧呈现出土地利用性质极不相同的现象，这延续了"满铁"首任总裁后藤新平时期在台湾的殖民主义规划。

二、后藤新平对附属地规划的影响

从1906年至1913年，在"满铁"初创的7年时间里，后藤新平一直是"满铁"的主宰者[3]，他在台湾负责殖民行政的工作经验及规划思想[4]，使得他在规划附属地建设之初，即进行了科学的城市规划和城市公共基础设施的完善工作，极大地促进了附属地的城市建设与发展。后藤新平回到日本之后，促成了《都市计画法》与《市街地建筑物法》的颁布与实施，他在台湾与"满铁"附属地时期殖民经营所获得的"成就"以及后期对日本城市规划的贡献，使其被称为"日本近代城市规划之父"。

在沈阳和长春的附属地街区规划制定中，后藤新平起到了非常重要的作用，尤其是在道路幅宽及载重马车的问题上。当时附属地规划的"满铁"土木课长加藤与之吉是附属地规划的主要制定者与负责人，他因为设计的道路宽

---

① 根据1922年《满铁主要附属地市街计划地域面积》数据统计，在其他三座主要城市的附属地中，商业用地面积占街市面积的比例分别为辽阳30.8%、铁岭26.4%、长春33.2%。
② "满史"会.满洲开发四十年史：上卷［M］.东北沦陷十四年史辽宁编写组，译.北京：新华出版社，1988:584.
③ 1908年7月，后藤新平卸任"满铁"总裁职务。但他仍未放弃对"满铁"的控制，接替人选中村是公的举荐及日后"满铁"经营的重大决策，均由后藤新平定夺，直至1913年12月中村是公届满辞任。
④ 后藤新平认为：建设殖民地，首先要考虑修建的是学校，其次是兴建寺庙，然后是医院，只有这样做才可以使移居过来的居民长治久安。

度较窄不利于马车通行而受到后藤新平的批评。后藤新平认为加藤与之吉设计的沈阳和长春的规划不适合当地的实际情况，限制了当时主要交通工具马车的通行而对市区的发展起到了较大的阻碍作用，因此需要重新进行设计。[①]而当时加藤所采用的设计参考的是东京一等道路20间（36m）、二等道路15间（27m）以及俄国规划的大连与哈尔滨一等道路15间的标准。将沈阳和长春的道路设计为15间，主要原因是因为"满铁"附属地内除去铁路用地之外，能作为市区规划的用地较少，另外还有一点就是载重马车对沿街的建筑具有一定的破坏性。从城市美观、道路维护以及交通发展的角度来看，其设计是合理的。不过在后藤的最终干预下通向车站的道路宽度加至36m，与东京一等道路宽度相等，关于载重马车在内的其他设计没有更改。后来"满铁"相关机构认为这样的规划是极具远见的[②]，道路幅宽的增加极大地提高了城市物流与铁路车站之间的交换效率。同时，指定载重马车专用道路一方面有利于调节货物交通，另一方面也促进了对土地利用秩序的整顿。而日本殖民者之所以如此重视马车货运与车站的连接便捷程度，主要还是因为"满铁"对大规模东北农产品运输的依赖，这同样体现了"满铁"在经济上的掠夺性。不过其街区规划的设计，还是为沈阳城市的发展奠定了基础。时至今日，沈阳仍然在沿用原附属地时期规划设计的道路网。

三、殖民管理机构在城市空间的表现

日本在沈阳附属地内设置驻留的权力和管理机构主要有警察机关、领事

[①] 后藤新平对加藤的批评："有关长春与奉天之城市规划，其一，道路狭窄；其二，只允许载重，马车在限定的局部区域通行毫无道理。自古以来，道路的宽幅均以当时的交通工具为标准而决定。载重马车是中国唯一的交通工具，这样重要的交通工具被限制在部分区域，而不是全市通行，是不妥的。'满洲'的街区必须有'满洲'的规划，单纯地模仿西方是错误的，道路需要设计得再宽一些，最好七八匹马拉的车都可以通行。"

[②] 1939年，"满铁"对长春街区规划一事做了如下的记载："现在所使用的街道完全是当时长春街区规划时所建设的道路，与今日基于（伪满洲国）'首都'规划建设的新路相比虽然有所不及，但是，却全然不会给城市的繁荣发展带来不便。从这个意义上讲，我们不得不为当时的建设者们超前的考量所折服。"

馆等殖民管理机构和银行等金融机
构，这些机构的空间分布有两个主
要特征。一是关于早期日本殖民势
力的代表机关选址，在火车站至沈
阳传统城区的主要道路沿线，形成
了"满铁"奉天车站、"满铁"奉
天事务所、奉天警察署、日本领事
馆这样的权力机关轴线。这条路线
也是与沈阳传统城区联系最为密切
的交通轴，通过殖民权力的机构与
交通功能的叠加形成权力轴线。二

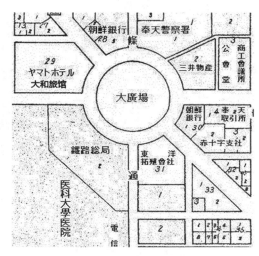

图4-19　中央大广场权力空间图

是20世纪30年代后期日本殖民权力机构往往结合城市广场进行布置，如在
中央大广场周围布置东洋拓殖株式会社（关东军司令部）、铁路总局、警察
署、朝鲜银行等重要机构，这些机构共同构成了殖民权力聚集的中心空间（图
4-19）。附属地中由广场与城市轴线构成的权力空间布局有着浓重的殖民色
彩，形成了比较直观的城市空间。

　　通过轴线与广场的结合展现殖民权力在近代长春的规划中表现得更为明
显。在"新京"规划中明确地形成了两条与广场相结合的城市轴线：大同大
街与顺天大街[①]。其中大同大街5km的轴线两侧布置着如关东军司令部、宪兵
司令部、伪满洲国民政部等权力机关。在大街中部的大同广场周围则布置了
"首都"警察厅、"满洲"电电公司、"满洲"中央银行、"新京"特别市公署等
重要机构。（图4-20）同时在与大街平行的顺天大街3.5km的轴线两侧布置着
伪满司法部、国务院和治安部等权力机关，轴线南端的安民广场[②]以伪满最高
法院机构为端点形成了强烈的殖民权力空间形态。日本殖民者的这种空间布
局，体现了其殖民统治的意图。

---

① 顺天大街：今人民大街与新民大街。

② 安民广场：今新民广场。

图4-20　大同广场与大同大街

四、拼贴状的城市肌理

沈阳是当时东北地区的政治、经济以及文化中心，地位比较重要，城市建设也有了一定的规模；同时传统文化与殖民文化所产生的街廓①空间相互对立，日本殖民者需要强化殖民辖区管制的相对独立性，因此日本当局在进行沈阳附属地规划时避开了原有的传统城区，在与传统城区邻近的土地上进行开发建设，并逐步形成了中国传统城市与西方殖民城市并存的空间形态，呈现出拼贴状的城市肌理特征，体现了不同文化对城市肌理的影响。

中国传统城市的道路一般比较规整，街廓尺度较大，其内部由街巷构成，大多狭窄并且走向不规则，街巷之间无法构成均匀的网络系统。这样做一是为了稳定统治阶级政权；二是便于对商业进行监管，维护其垄断地位。而西方城市的街廓尺度较小，几何特征明显，街廓结构呈网状，这主要是从土地划分和商业开发的角度进行的考虑，同时也是西方民主、平等意识及商业开发中标准化、制度化的表现。沈阳传统城区的城市肌理就属于中国传统城市街廓的空间形态，以井字形为主要道路结构，街廓尺度在400m左右，街廓内部为自发形成的街巷，与四条主干道形成鲜明的对比，这种布局形态主要为统治阶级服务。而"满铁"附属地采用的是西方近代城市规划的方式，城市肌理规整且体系完整，道路布局多

---

① 街廓是构成城市肌理的一个因素，它是规划用地强度赋值的基本单位，街廓的出现是为了更好地划分土地，提升土地价值。城市街廓，是指由城市街道红线围合而成的城市用地集合，包含建筑、绿化等部分。

为放射方格网的形式，呈典型的小街廓空间。沈阳附属地内以车站为中心的放射性道路并没有对矩形方格网的街廓空间造成影响，街廓的尺度多为60m×110m，有的只有40m×50m。这种布局形态主要是殖民者基于土地开发与商业操作的考虑。直到今天，基本的轮廓与尺度在沈阳依然可以体现出来。

五、传统到现代的城市景观

城市景观[①]即城市中由街道、广场、建筑物以及园林绿化等形成的外观及气氛。沈阳作为中国典型的传统城市，其传统空间格局中并没有与西方相对应的"城市广场"，其城市格局中所具有的交往、娱乐、游憩等功能的城市公共空间是一种融日常生活和公共活动于一体的流动的、线性的街市模式。沈阳街道布局为方格形道路网，城市中重要的节点是十字路口，这决定了城市形态的发展，北侧路口沈阳中街商业区的兴起与繁荣便是例证。而随着铁路的出现，附属地内的火车站及放射形道路交汇处的广场成为城市的重要节点，日本殖民者重视城市美学，强调西方古典主义的城市景观效果，宏大的中心广场赋予了城市开放及外向的形象，尤其当多个广场共同组成广场群时城市的空间效果更加突出，表现出了构图及视觉的美感。（图4-21）

沈阳作为清时的都城，礼制思想占主导地位，皇宫成为体现礼制的标志，其建筑体量、材料及色彩与周围的环境形成强烈的对比。城墙及钟楼、鼓楼因位置的特殊性也成为视觉的中心，具有较强的标志性。大尺度的城墙与宏伟的宫殿建筑群构成了沈阳传统城区对称、封闭的城市天际线。而附属地中铁路的出现使设计精美的奉天驿火车站[②]成为城市的标志，同时也是附属地内西式建筑被引入的开端。随着城市的规划建设，广场周围各式折中主义建筑风格以风

---

① 构成城市景观的基本元素有路、区、边缘、标志以及中心点。

② 奉天驿是一座俄式风格与日式风格相结合的两层高的红砖建筑。从建筑艺术角度来看，它是日本近代建筑西洋化在海外地区的延伸。建筑在平面上讲究严格的轴线对称，正立面横、纵分三段式，中央两翼角楼上各设大小不一、不同特点的绿色铁皮穹顶，穹顶上开设圆形天窗，造成良好的构图效果。富有韵律的山花墙处理，增加了节奏感。红砖墙壁与白石砌成的线脚、门窗框、墙角交相辉映，色彩明快。

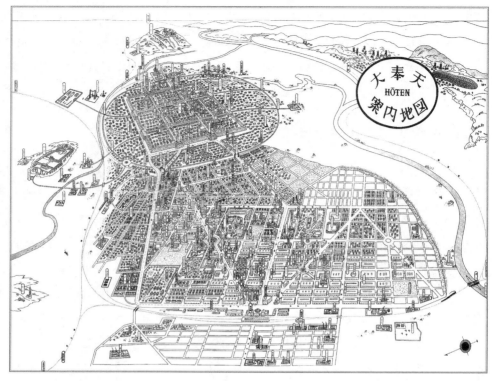

图4-21　1934年奉天鸟瞰图

格各异的立面构成了精致的城市界面，沿街建筑形态统一协调，以墨绿色、圆形穹顶为协调的元素，突显整齐优美的城市风貌，形成了开放的、发展的城市天际线。（图4-22）

　　城市公园作为城市中的公共开放空间，是西方近代工业化的产物。"满铁"之前，沈阳仅有少量的公园。在"满铁"附属地时期，沈阳出现了近代概念的公园，其手法以西式园林为主，设置广场、林荫道、规则的喷水池、神社及纪念牌作为公园的主体空间。以千代田公园为例，其入口由圆形广场组织人流，公园中心设置下沉水池，增强广场垂直空间序列，整体空间打破了中国传统园林曲径通幽的意境，以开敞明晰的景观配置组成西式园林的特色空间。日本殖民者对公园绿地规划的重视一方面体现了20世纪初欧美城市美化运动的影响，另一方面体现了日本殖民的规划动机，即利用公园设施作为其宣扬殖民文化及服务日本人的社会控制工具。

图4-22 奉天城市风貌比较图

六、与日本殖民台湾时期的比较

1895年中日甲午战争之后，随着《马关条约》的签订，台湾沦为日本的殖民地，日本统治台湾50年。由于政治体制的改变以及日本殖民政策的推行，台湾的城市规划建设发生了重要的改变。这个时期日本受西方近代城市规划的影响，日本在占领台湾之后，将西方理念植入台湾的城市建设中，从而使台湾的城市空间发生变化。日本占领台湾时期的殖民城市建设对于后来"满铁"附属地的规划建设也起到了重要的参考与借鉴作用。

（一）从城市性质来看

日本占领台湾时期城市规划最主要的特征就是城市的殖民地属性，即以殖民地宗主国为主，利用政府财政开展建设，并且伴随大量贸易与传教活动。台湾的城市规划，首先在市中心的位置布置州厅、市街庄以及其他行政官厅，周围布置美观广场，而布置的道路网也以此为中心。此外维持治安的警察局也被布置在比较显眼的位置。这其实是强调殖民权力空间的表达形式，与日本殖民者在沈阳附属地规划时通过城市轴线和广场构成权力空间布局从而进行明确的政治宣传的手法是一致的。

（二）从城市中心来看

日本在台湾的殖民建设均是在传统城镇的基础上进行改造的，很少重新建设新的城区。一方面因为台湾人口较少且当时台湾的传统文化观念相对薄弱，在殖民权力的统治下比较容易进行改造；另一方面因为以传统城镇进行改造，其建设难度相对较低，并且投资较少。而沈阳等"满铁"附属地的建设则是在原有城镇外另辟新区，属于新城规划。这主要是由于沈阳作为典型的中国传统城市，其城市结构与布局已经确定，在原有的基础上重新进行改造，需要大量投入，并且中国政府以及地方政府采取措施坚决抵制日本殖民者。同时日本殖民者为强化殖民辖区管制的独立程度，采取了与殖民台湾不同的政策，从而形成了沈阳多中心的城市格局。

（三）从城市发展形态来看

日本占领台湾之后，于1908年完成了纵贯南北的铁路。铁路的通车，标志着台湾传统农业社会的聚落空间分布与交通运输结构的转变，带动了沿线城镇带的兴起与发展，形成了台北、新竹、台中、台南等主要的城市，奠定了台湾近代城市形成和发展的基础。同时随着铁路的建设，根据原有城市与车站的位置关系，形成了站前商业、站后工业的土地利用模式，决定了城市的发展形态、道路系统以及商业中心区等重要建筑的选址。而以沈阳为代表的"满铁"附属地，随着中东铁路"南满"支线为代表的一系列物质建设，其建设相较之前东北城市的建设更加先进与完备。同时附属地在铁路两侧所呈现出的土地利用性质不同的现象是对台湾殖民城市发展模式的沿用，使沈阳进入了所谓"近代城市规划"的时期。

（四）从城市规划范型来看

台湾地区的殖民城市建设受到同时期日本国内城市规划思想的影响，规划当局以欧美城市形态作为城市改造的目标，主要通过公共性的控制手段，如街道的拓宽、沿街建筑的建筑线控制以及建筑的结构形式等方式对传统城市进行适应近代工业发展的改建。这种城市改良的思想影响了日本对台湾传统城镇的规划建设。同时受到日本《城市规划法》《市街地建筑物法》影响而制定的

《台湾城市规划令》,标志着作为制度的真正近代意义的城市规划的开始。前期的改良方法与后期的城市规划制度也被运用到沈阳、长春等附属地的城市规划中,如在城市道路设计上,采用了欧洲城市道路与广场形式,从而为日本在东北的殖民建设奠定了基础。

(五)从土地利用规划来看

在台湾的城市规划中,土地利用规划用到了分区的手法,即将城市用地分为各种不同功能用途的分区,对各种用地分区内的土地利用性质、强度及建筑物形态进行限定控制。这在客观上决定了土地价格的形成,同时也达成了殖民地政府通过控制土地进而进行殖民统治的目的。在台湾的用地分区中,居住用地与商业用地占有较大的比率,如台北1940年城市规划的用地分区中,居住与商业占了51.2%,工业只占8.1%。另外,日本人的住宅用地以及公园用地也占据比较重要的位置,反映出台湾的近代城市规划是受日本殖民影响而产生和发展的。这种分区的方法与日本在沈阳等"满铁"附属地的分区方法基本一致,主要用地并不是近代城市中出现较多的工业、对外交通等用地。其中有一点不同的是沈阳增加了粮栈区的设置,其目的是为了方便以大豆为主的农产品的贮藏、转运以及交易,粮栈区的地位与近代工业城市中的工业用地同样重要,显示了日本殖民者经济掠夺的本性,也反映了日本殖民者转借功能主义规划理论以实现殖民统治的规划要求。

(六)从道路系统来看

日本殖民时期台湾城市的道路系统主要有棋盘式、矩形、放射矩形、放射环状及不规则形等几种,其中前两个是台湾城市中运用最广泛的。而放射形则主要用于重要的城市,如台北、台南,其中在日占台北时期实行的市区改正计划中,规划者采用的是放射状道路结合广场的方式,这种手法是西方城市规划思想在日本和其殖民地城市的衍变;台南采用了以圆形广场为中心的放射状道路网,城市由三个圆形广场和车站广场构成四处空间节点,同时以道路连接构成交通网络(图4-23)。放射形道路网的组织形式在沈阳及其他附属地的规划中得到了充分的应用,这种强化城市构图美的理念,以城市规划的物质形式来表达日本殖民者的统治意志和政治理想,使殖民统治与城市空间得到了很好的结合。

图4-23　台南市区改正图

小　结

　　鸦片战争之后，中国社会发生了巨大的变化，东北地区的变迁尤为剧烈。日、俄两国的侵占对东北造成了极大的破坏，而日俄战争结束后，"满铁"附属地的建立与开发，使得以日本为主的外国势力从政治、经济到文化上入侵中国成为可能。沈阳附属地是规模较大、兴建较早的附属地。日本在沈阳的殖民城市建设主要有以"满铁"为主导的殖民统治和以关东军、"满铁"经济调查会为主导的殖民统治两个阶段。在本章节中更多地关注了对于前者的研究与分析。

　　"满铁"时期的沈阳城市规划建设既有模仿西方古典主义的特征，强调城市的交通系统和空间结构利于铁路与城市之间货流的便捷转换，突出殖民经济的掠夺及城市美学的理念，同时强调由广场与城市轴线构成的权力空间，突出殖民统治的政治意图及浓重的殖民色彩；又有欧美近代功能主义规划的特征，注重功能合理分区，重视城市道路、市政工程、公园绿地等公用设施建设，达到其殖民统治的目的。当然，附属地内除了具有殖民地规划特征外，在对城市的统一规划、对城市基础设施的重视以及与传统城区既独立又联系的空间设计等方面，对今天的新区建设具有一定的借鉴意义。然而这个时期的城市空间并没有更大范围的拓展，主要是因为"满铁"经营附属地期间其不是沈阳城市唯一的行政主体。原有传统城区及商埠地受到晚清政府以及北洋政府奉系军阀的统治，其自主的城市管理及规划建设对"满铁"附属地的扩张起到了一定程度的遏制作用。不同的行政主体各自为政，竞相发展，促进了城市建设，形成了沈阳近代多元化的管理主体与发展机制，从而促使"满铁"附属地、商埠地、旧城以及新型工业区城市空间格局的产生。近代沈阳政治势力的相互较量对城市规划的发展起到了一定的促进作用。

　　九一八事变后，日本全面占领沈阳，日本关东军特务部与"满铁"经济调查会取代"满铁"成为殖民统治的中枢机构，目标是将沈阳建设成重要的工商业中心城市。由于日本殖民者能够不受拘束地实现其规划意图，因此由其主导的规划建设一方面将之前多元化的城市空间格局重新整合起来，恢复了以殖民城区为中心的城市结构，另一方面强调大规模工业区域的建设，使得沈阳成为日本在海外的重要殖民工业基地与战争基地。城市空间由对峙分裂逐渐走向融合的过程，客观上促进了沈阳近代城市规划的发展，加强了沈阳作为东北中心城市的功能地位。

第五章

北洋政府奉系时期的沈阳城市规划
(1912—1931)

1912年晚清政府覆灭后，北洋政府成立。这一时期，政局变化频繁，社会动荡，城市建设活动较少。1916年以张作霖为首的奉系政治军事集团掌控奉天省军政大权，北洋政府政权管理逐渐减弱，地方自治占据主导地位。奉系政府以沈阳为统治中心，开始进行自主的城市建设，发展城市经济，沈阳成为军事与民政合一的东北地区的首府性城市。1923年随着市政公所的成立，奉系政府开始建立城市管理机构，完善城市基础设施，自主规划建设城市空间布局和发展城市工商业，改变了沈阳传统城市的风貌，促进了沈阳城市资源的优化配置，完成了沈阳城市社会形态的转变，形成了近代城市规划中的沈阳模式。而这一时期由于"满铁"附属地的建立与发展，使得沈阳的城市空间形态发生变化，双方的权力对峙成为影响城市规划发展的直接动力，并形成奉系政府与日本殖民势力竞相发展的局面。

第一节
北洋政府奉系时期的政治统治与城市规划行政

一、奉系的崛起与城市的发展

清末内忧外患，政府无力顾及东北地区，于是直接授权给总督与巡抚负责地方军事与民政事务。这样二者就有了行政权力，在一些事情的处理上可以自行决定，不需要呈报中央政府。随着中央政府权力的逐渐下放，总督与巡抚集军事、政治及外交权于一身，地方政府也便不再依赖中央政府。这种情况同时也反映在其他不同的省区，这种局面的持续发展，使得地方开始出现独立政治倾向。随着晚清社会与统治阶级内部矛盾的逐渐加深，地方割据独立的政治意图日益明显，并最终导致了清政府的覆灭。随后中华民国成立，北洋政府[①]成为中国的中央政府。这个时期中央和地方的关系在晚清时期的基础上又有了变化，形成了一种特殊的形态：形式上，对外代表国家、对内统治全国的中央政府依然存在，保证了国家的统一和完整；实际上，中央政府对于地方的控制力有了不同程度的削弱，各种形式的地方分治或割据政权始终存在。他们或独立于中央政府之外，或与中央政府若即若离，出现了统一与割据、集权与分治

图5-1 张作霖

并存的局面。

奉系地方势力就是在这种背景下逐渐崛起和发展的。1911年辛亥革命爆发之后，奉系首领张作霖[1]（图5-1）被东三省总督赵尔巽调入沈阳，成为陆军72师中师师长，开始进入东北的政治舞台；1916年张作霖受北洋政府委任，成为奉天省督军兼省长，掌控军事与民政事务；1918年张作霖又被任命为东三省巡阅使[2]，稳固地确立了对奉天和黑龙江两省的控制，同时利用日本的势力，控制了吉林，至此张作霖彻底实现了对东北地区的掌控；1927年张作霖把持中央政权，出任北洋军政府陆海军大元帅行使国家权利。以张作霖为首的奉系地方势力在短短的20余年时间内由清末时期的地方武装迅速发展为北洋政府后期国家权力的掌控者。奉系以东北为基地，以沈阳为中心，开始加强其在东北地区的势力，成为当时中国最具实力的地方政权。

这个时期东北地区形成了俄国、日本、奉系政府三足鼎立的局面。俄国以"北满"的哈尔滨为据点，日本则以"南满"的大连为大本营、以中部的长春为前哨，东北本土势力则集中在奉系政府统治下的沈阳。由于他们统治区域及政权势力的不同，奉系更多受到日本的影响，其自身发展与对日策略也有着直接联系。从奉系初期崛起到统一东北地区，由于势力较弱，奉系采用了亲日、争取日本援助的手段以确保自身的稳固发展，其间虽有对日本的抵制表现，但是都以不损伤对日友好的大局为限。20世纪20年代以后，随着自身实力的增强以及中国民族主义思潮的高涨，奉系通过抵制与排斥日本来进行自主发展与建设的倾向日益明显，主要表现在以下几个方面：不限于东北地区的统治，逐渐将势力向内地扩张以此来抵制日本的殖民政策；经济

---

[1]　张作霖（1875—1928）：辽宁海城人。他是北洋政府最后一个掌权者。1928年6月4日在日本制造的皇姑屯事件中丧命，其子张学良接掌东北军政。

[2]　东三省巡阅使：北洋政府时期，对拥有两省以上的军阀给以巡阅使的官衔。

上与日本抗衡；自建铁路，对抗日本的铁路运输系统；自主开办教育和收回教育权的努力等。这样就打破了日本对奉系政权的影响及控制，奉系形成了自主发展的空间。

以张作霖为首的奉系政府的崛起和对该地区的控制及发展不是单以军事力量为基础的，奉系对省府的重大改革及采取的一系列措施也是其发展的条件，如建设城市管理机构，对城市进行整体规划并付诸实施，促进了城市管理的民主法制化；构建以自筑铁路为主、以汽车和大车运输为分支的交通运输网络，促进了地区交通的近代化城市建设，遏制了"满铁"的扩张；改革学制，建立大学，注重民众教育，促进了教育的发展；推行丈放和移民垦殖政策，颁布改造传统农业的政策法规，加速了新型农业经济的增长；对财政金融进行改革，统一币制，规范金融机构的管理，摆脱了日益严重的财政困境；推行区村制度并整顿保甲制度，推进了基层政权建设并促成了警甲合一。这个时期奉系对城市的大力更新与规划建设给城市面貌与功能带来了深刻的变化，大量先进的民族企业和民营资本得到了蓬勃的发展。沈阳作为奉系政府统治的中心城市也出现了强劲的发展前景。奉系政府的一系列措施开启了东北地区逐渐发展为中国繁荣经济区的进程。而日本在全面占领东北之后的城市建设中，很多有利于其发展的条件都得益于奉系政府统治期间的地区经济发展。奉系在东北的经营为东北地区在20世纪50年代成为中国工业化水平最高的地区奠定了基础，其中包括配备完整的交通运输体系和强劲的制造工业等。

二、城市规划的行政机构与组织

民国建立之后，北洋政府效仿西方国家改革了旧有的立法机关、行政管理体制及各类行政机构。中央规划与管理城市的主要机构为内务部，主要实行社会行政管理。城市规划与管理在清末地方自治运动下，成为地方自治的主要工作之一。对于北洋政府而言，中央只能做整体而非细致的规划，城市规划的权力实际已经属于地方政府，因此作为城市规划管理主体的地方市政机构开始在全国重要城市组建成立。

（一）沈阳近代城市行政体制的组建

民国建立之后，虽然以沈阳为中心的奉系地方势力的崛起使得中央政府对东北地区的管制力量越来越薄弱，但是东北地区仍归民国管辖，东北所有行政系统的任命及运作，都是依据北洋政府制定的法规进行的。[①]1913年奉天行省公署根据北洋政府"旧有府厅一律改称为县"的命令，改奉天府为沈阳县，其行政事务仍由奉天行省公署直接管理。同时奉天行省公署将管理城市建设的民政司改为内政司，内政司主要负责管理城市道路、土木、河道等工程。1914年，东北实行省、道、县三级管理体制，沈阳县隶属奉天省辽沈道[②]。内务司则改为政务厅[③]，其在奉天省行政系统中扮演着中心角色。1918年之后随着张作霖奉系势力的壮大，沈阳与北京的行政联系逐渐疏远。1922年4月张作霖宣布东北自治。沈阳作为奉系政府的中心地，其发展受到张作霖的格外重视。由于这个时期的城市建设与管理比较混乱，传统的城市行政管理体制已经不能适应城市的发展，同时战争的失败[④]使得奉系政府需要发展经济积聚实力，因此建立市制推进沈阳的近代化成为必然。1923年8月，市政公所成立，沈阳正式出现市的建制，标志着具有近代化意义的城市行政体制确立。沈阳近代市制的确立主要有以下两个原因。

1.近代西方市政体制的引入与中国城市市政化运动的影响。近代西方市政管理体系[⑤]由西方引入中国，最初出现于租界。列强在租界内行使治外法权，不受中国政府管辖，并自行设立行政机构，以管理界址内的各项事务，促进了

---

① 东北公职的任命曾出现在北京发布的政府公报上。

② 辽沈道：管辖营口、盖平、海城、辽阳、沈阳、铁岭、开原、镇安（今黑山县）、北镇、新民、锦县、锦西、兴城、绥中、盘山、台安、义县、彰武、东丰（今属吉林省）、西丰、西安（今吉林省辽源市）和辽中22个县。1929年废。

③ 政务厅：负责监督全省的民政官员，从管理上为其他省府机构提供支持；在行政上，奉天省的警察也在政务厅的监管之下；政务厅还负责公路与桥梁的维护工作。

④ 1922年第一次直奉战争结束后，张作霖携东三省议会推举自己为东三省保安总司令。

⑤ 近代市政体系起源于19世纪初的欧美各国，该体系涵盖两部分内容：第一部分为市政府（Municipal Government），第二部分为市行政（Municipal Administration）。市政府即市政组织，是承载该体系的实体，其内容包括机构设置、内部制度等；市行政也被称为"市政管理"，涉及公安、教育、财政、卫生、工务与公用等方面内容。

中国城市管理体制从城乡合治向城乡分治的演变。同时，日、俄在东北地区殖民地城市的市政体制的建立也起到了一定的借鉴作用。日本殖民统治下的大连、俄国殖民下的哈尔滨在民国初期就已经实行正规的市政建制，这一体制包括市长及其领导之下的市政厅、市参事会、警察署等，其严明的职责划分、完善的相互监督机制，积极的开拓创新精神，显示出西方先进行政管理的效率性和责任性。这种市政体制模式为沈阳市制以及市政公所的建立提供了现实样本。1908年，清政府颁布《城镇乡地方自治章程》，推动了地方行政管理体制向城乡分治的演变。1921年，广东省政府颁布《广州市暂行条例》，广州市政体制确立。[1]广州率先在中国实现城乡分治、市县并立，其最明显的特征即推进城市开发和建设的速度快，效率高，为奉系地方政府提供了可以借鉴的经验。

2.商埠地与"满铁"附属地的示范效应。晚清时期东北地方政府进行了自开商埠的建设活动。沈阳商埠地建设时期由于外国领事机构及商业机构、晚清管理机构如交涉局、巡警局均集中于此，其聚集效应促进了埠内土地的开发，同时加强了对社会治安和环境卫生等方面的管理，使其成为清末沈阳城郊繁华的区域。而毗邻商埠地的"满铁"附属地，日本殖民者在此分别进行了两次市街规划，从而使得附属地内道路规整、各类西式建筑林立、城市景观富有魅力、市政公用设施齐全。商埠地、"满铁"附属地与沈阳传统城区相比，后者城市建设速度缓慢，城市管理机构混乱、城市空间反差日趋明显。前二者的示范效应改变了市民的传统理念，市民要求通过改造旧城、建设新区来改善城市的生活环境。同时，工商业的进一步发展也迫切需要拓展城市空间。在这种情况下，近代市制的确立及其行政管理机关的建立成为必然。

（二）新行政体制的运行

1923年5月3日，张作霖亲自指定奉天电灯厂厂长曾有翼[2]为奉天市市长，

---

① 条例规定设立广州市参事会和以市长为首的市行政委员会，市行政委员会下设财政、工务、公安、卫生、公用、教育六局。

② 曾有翼（1870—1936）：奉天城南红菱堡人。1907年考入京师大学堂（今北京大学），1912年入政界，1917年主持编纂《沈阳县志》，从1912年至1922年，历任奉天行政公署教育咨议官、东北盐运使兼山海关监督、奉天督军公署秘书等职务。1923年在（下转）

同时在奉天省省长王永江①的积极筹划下，在电灯厂内设立奉天市政公所筹备处，并对市政公所成立之后的首要任务进行了拟定。②8月4日，划沈阳县城区及商埠地为市区，奉天市政公所③（图5-2）正式成立。奉天市政公所是近代沈阳出现的首个正式的市政领导机关和城市管理建设机构，其成立后当局即颁布《奉天市暂行章程》，规定了行政范围④，并在之后制定相关的法规和章程，对城市建设和管理做出规范，促进了沈阳近代城市规划的发展。奉天市政公所与传统的城市建设机构相比，在运行机制方面有以下几个特点：

1.市政组织制度化。市政组织制度化是城市发展和成熟的重要标志。市政公所成立不久，当局即制定了《市政所暂行新章》，其中对市政机构的性质、职权、责任以及机构编制、数额等以制度的形式进行明确规定，将其运行程序纳入制度化轨道。⑤根据《市政所暂行新章》的规定，市政公所隶属奉天省长公署，上设市长和秘书长及参事，下设总务、财务、工程、卫生、教育、事业六

（上接）没有通过省议会与省长的选举条件下，由张作霖亲自指定，任奉天市首任市长兼电灯厂厂长。1926年9月，任东三省铁路督办署参赞兼秘书长，后改任顾问。曾有翼在担任奉天市市长后，立即拟定了建市后需要办理的19件事项，基本涵盖了近代市政管理的各个方面。

① 王永江（1871—1927）：大连金州人。他是张作霖奉系集团中最重要的成员。历任奉天省税务局长兼清丈局长兼屯垦局长、奉天督军署高等顾问、奉天省警务处长兼省会警察厅长、奉天省财政厅长、东三省官银号督办。1922年张作霖任王永江为奉天省代省长，1923年东北大学创立，王永江兼任首任校长。王永江具有较强的行政手腕，他在财税、农业、交通、教育、警政以及市政等方面均有建树，对于东北地区的发展起到了非常重要的作用。

② 一、筹设无轨电车以便交通；二、设立自来水以资便利；三、修筑新马路以整路政。

③ 1929年奉天市政公所更名为"沈阳市政公所"，1931年东北政务委员会将省城商埠局与市政公所合并。

④ 行政范围包括市财政及市公债，市公产管理及处分，街道沟渠桥梁之建筑及其他关于土木工程事项，市教育风纪及慈善事业，市公共卫生及公共事项，市户口及市选举事项，市交通、电力、煤气、自来水及其他公用事业。市内分设五个区，第一区为方城之内，第二区为外城大小东关，第三区为外城大小南关，第四区为外城大小西关，第五区为外城大小北关及北陵一带，后又增设工业区为第六区，各区区长由该辖区的警察署长兼任。其主旨在于管理全市卫生、教育、文化事业的发展，推进城市近代化。

⑤ 王凤杰.王永江与奉天省早期现代化研究（1916—1926）[D].长春：东北师范大学，2009:93.

图5-2　奉天市政公所

课^①及技术部作为核心机构，市报社及省城临时防疫处作为辅助机构。市长在市政管理中居于统领地位，指挥监督所属职员。其中工程课和事业课分别负责城市建设和各项市政事业管理。

2.市政管理法制化。法规章程的制定对于提高市政管理效率并保证公正性具有重要的作用。为保证城市建设与管理有序进行，奉天市政公所自成立之后制定与颁布了一系列法规章程，实行法制化的管理。如《奉天市暂行章程》《西北工业区限制建筑期间办法》《街道、沟渠、桥梁及一切土木工程统一管理章程》《万泉河公园章程》《施行卫生清洁规则》《电车厂规则》《考核建筑技术人员办法》《限制载重车通行马路通告》《地方卫生行政初期实施方案》《翻修马路施工办法》和《东三省兵工厂市政管理处暂行简章》等近百个章程。执政者通过法律的制定来对城市管理进行规范与约束，标志着沈阳城市建设和管理

---

① 各课的具体职能也有明确分工，总务课主要办理市政公所经费预决算和市选举事宜，同时保管文书和编制章程等；财务课主要办理市费的征收、市公产及公债的管理以及经理省库补助金的收入和办理全市行政经费预算；卫生课主要负责打扫街道及公共厕所，管理公共市场、屠场、菜场和浴场以及取缔戏园旅店妓馆及饮食营业，设立和管理各种传染病院等公共卫生事项；教育课管理教育事务。

已经进入法制化时代。

3.市政操作专业化和民主化。市政的专业化主要表现在行政管理人员大多数有留学背景，具有良好的专业知识及较强的业务能力。[1]而民主化则表现在所有市政的决策都要经过市政会议厅集体讨论后做出决定，不允许市长一人独断专行。各课部开会时提出议案，讨论由市议会通过的关于城市建设的各种应兴应革议案，最终形成落实决议，这是城市行政管理民主化的一个重要表现。

总之，市政公所的建立及其对于城市管理与建设的工作，促进了市政组织制度化、市政管理法制化、市政操作专业与民主化。奉系政府以此为基础，自主进行了传统城区的更新改造以及商埠地、新型工业园区的规划建设，同时还进行了开设工厂、兴办教育等活动，从而形成了奉系政府主导下的沈阳近代城市规划建设的高潮，并且对这一时期"满铁"附属地的殖民统治及扩张起到了一定程度的遏制作用。

第二节
奉系时期的沈阳城市规划历程与内容

一、传统城区的更新与管理

近代以来，西方国家通过不平等条约在中国城市开辟商埠并设立租界。西方技术和理念在租界的建设中得到了体现。西方先进的城市公共设施建设如明亮的路灯、完善的排水设施及宽敞的马路，成为执政者在城市建设中学习和效仿的范本。租界内以改善交通条件为主要目的的城市建设，影响了中国既有

---

[1] 日本留学生徐箴攻读电专科，1923年归国后任市政公所事业课长，亲自设计了有轨电车线路及全部指挥系统，修建了从小西门到沈阳站的有轨电车。奉天电车厂成立后，徐箴被任命为奉天电车厂厂长。

的传统城市改造观念。同时日本国内也在进行着市区改良运动，以1889年5月的东京市区改正规划（图5-3）为例，该规划主要涉及道路的改造、新供水网系统的建立以及城市卫生环境的管理等。①这些为奉系政府改造传统城区提供了一定的示范与借鉴。

沈阳传统城区由于历时已久，无序的城市管理、落后的基础设施使得城区在民国时期变得混乱不堪。②而与其相邻的日本殖民统治下的附属地内城市建设发展较快，城市井然有序，各种公

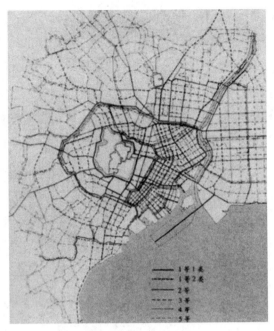

图5-3　1889年东京市区改正规划

用设施齐全。两者的强烈对比以及城内工商业经济的发展使得居住在城区里面的市民要求改造旧城、改善城市环境、拓展城市空间的观念日益加强。沈阳作为奉系政府的统治中心，具有极重要的政治地位，其城市的建设与发展受到格外的重视。因此奉系政府通过借鉴租界建设及日本市区改良的手法开始了沈阳自主城市建设中重要的一部分——传统城区的改造与更新。奉系的改造主要是以拆除城墙、拓宽与新建城市道路、修建公园、建设城市公共交通、更新与改造城市建筑为主的城市改造规划模式，这些举措使得沈阳传统城区逐渐呈现出近代城市空间的面貌。

---

① 东京市区改正规划计划拓宽或新修315条现有道路、34条河流及护城壕；扩大供水范围，在中心城区修筑下水管网；修建桥梁，开挖多条人工河道；新建49座公园、8片市场；新修5个火葬场、6片公墓；铺设有轨电车。

② 盛京医院的创办者杜格尔德·克里斯蒂在自己的专著《奉天三十年（1883—1913）——杜格尔德·克里斯蒂的经历与回忆》中把民国初期的沈阳传统城区描述为混乱和拥挤、几乎没有人愿意居住的地方。

（一）拆除城墙，拓展城市空间

在本书第一章曾介绍过沈阳作为都城及陪都时期的城市规划与建设情况，其中提到沈阳传统城区"八门八关"的城郭规制。民国时期的沈阳依然保留着清时期的高大城墙。这一时期民众认为城墙虽然在历史上曾是明确与隔离城乡边界的标志和保卫市民安全的重要防御设施，但是现在已基本失去其原有的功能，其历史任务已经完成，没有了存在的价值。同时，随着城市经济的发展和城市规模的日益扩大，城郊地带逐步演化为城市的一部分，城墙的存在在一定程度上阻碍了城市内外交通联系，抑制了商品贸易流通，成为制约传统城区改造及整个城市发展的障碍。因此奉系政府从城市发展的总体布局考虑，从1923年开始进行拆除城墙的计划。1929年至1930年，奉系政府进行了大规模的拆除活动，其间外城八座城门被全部拆除，内城城墙及城门也被部分拆除，如怀远门、抚近门等。同时，由于市内交通的需要，原建在今正阳街与中街、朝阳街与中街交口的鼓楼、钟楼也被拆除。[①]（图5-4）当局在沈阳城墙拆除后的区域修建了环城电车道，这与同时期其他城市修筑马路的方式有所不同。这种通过采取拆除城墙，在原城墙城基上修建环城马路或电车道的方式成为近代城市发展中一种典型的旧城改造措施。城墙的拆除促进了城区内外交通的便捷联系，推动了城市空间

大东门

鼓楼

图5-4　部分拆毁建筑

---

① 张志强.沈阳城市史［M］.沈阳：东北财经大学出版社，1993:200.

的扩展。

在这一时期内，绝大多数城市的城墙都遭到不同程度的拆除和损毁，这些城市遍布全国大部分地区。根据对近代遭到拆除城墙的城市进行的不完全统计，在1912年至1930年间被拆除城墙的共有24座城市，这其中又多为府城城墙。城墙的拆除一方面对城市的历史文化遗产造成了巨大的破坏；但是，另一方面，拆除城墙修筑环城马路使得近代中国城市具有了独特的风貌，形成了迥异于其他国家城市的环状交通体系，基本奠定了中国近代城市的交通格局。[①]

（二）拓宽与新建城市道路

由于沈阳传统城区内街道过于狭窄，不利于交通，因此市政公所成立后即开始了马路主义[②]城市改造，具体表现为在旧有道路的基础之上拓宽与建设马路，其中"丈尺标准为城内干路宽度均以7丈为标准。自马路中心起算两旁应展3丈5尺，其他街道根据地点不同宽度标志分为4丈、3丈和2丈共3种"[③]。拓宽道路主要采用拆除临街建筑[④]的方式来完成。1923年奉天省会警察厅所属马路工程处由奉天市政公所进行管理，负责马路维修。马路工程处进行了一系列的建设，如1924年新建大东关碎石路[⑤]。该路自大东门至堂子庙，由小什字街至德胜门前，总长5890m，平均宽8.4—14m。1927年新建大东路至小河沿石子马路，全长687m，宽6.6m。[⑥]至1930年传统城区内主要道路基本都已拓宽，石子马路长达20km，沥青马路长约8km，排水设施、道路绿化均已配备齐全。

随着马路的建设，沈阳传统城区向北、东、西三个方向逐渐扩展，在一

---

① 徐渊.转型与重构：城墙与近代城市规划发展研究［M］.武汉：武汉理工大学，2011:29.
② 马路主义是李百浩教授提出的近代城市规划重要特征之一。所谓"马路主义"是指在城市规划与建设中，优先进行马路、马路网以及相关基础设施的建设，无论是改造旧城，还是新市区（商埠）开发，"马路建设"都是建设的重点。在现代城市建设中，部分城市的改造与新市区建设也具有马路主义的特点。
③ 王凤杰.王永江与奉天省早期现代化研究（1916—1926）［D］.长春：东北师范大学，2009:97.
④ 这里的临街建筑主要指草房、土墙或者屋顶凹凸不平影响城市景观的平房。
⑤ 大东关碎石路：今大东路。
⑥ 沈阳市城市建设管理局.沈阳城建志（1388—1990）［M］.沈阳：沈阳出版社，1995:23.

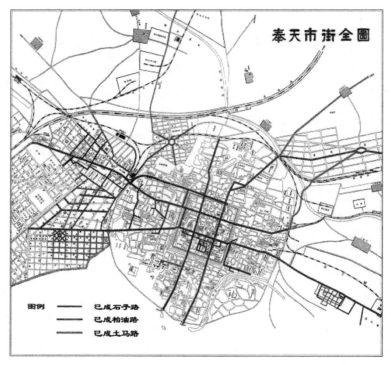

图5-5　奉系时期马路建设示意图

定程度上促进了大东、奉海、西北三个新型工业区的建立以及商埠地建设的繁荣，其后期建设主要是马路及近代城市必备的市政设施系统工程[①]建设带动的开发，从而形成了"从街道到马路的城市改造以及从马路到街区的新区开发"[②]的模式，是具有近代城市规划意义的城市建设实践。（图5-5）

（三）修建公园

作为一种城市公共空间，公园的建设日益受到奉系政府的重视。曾有翼担任市长期间，他认为公园是市民休息的重要场所，各个文明的城市都应该设置，公园可以增加市民的娱乐休闲空间，因此需要对其进行筹备建设。奉天市政公所随后将晚清时期建设的万泉公园[③]与奉天公园进行了改造与完善，并

---

①　如供水、供电、煤气、排污等。

②　李百浩，郭建.中国近代城市规划与文化［M］.武汉：湖北教育出版社，2008:14.

③　万泉公园于1906年在大东关小河沿处建成，被称为"沈阳近代第一座城市公园"。

图5-6 万泉公园与奉天公园

制定了《万泉河公园章程》，对公园进行规范的建设与管理。（图5-6）1927
年5月，奉天市第二任市长李德斯①下令将城市郊区的原皇家陵寝——北陵②及
东陵③辟为公园，对外开放，同时制定相关的管理规定④。这两处公园占地面积

---

① 李德斯：字法权，奉天省营口县人，1923年毕业于日本帝国大学，1927年继任奉天市市长。
② 北陵：又称"昭陵"，国家重点文物保护单位。建于1643年，是清皇太极及其皇后博尔济
吉特氏的陵墓。陵区占地面积48hm²，位于沈阳古城北约5km，是清代皇家陵寝和现代园林
合一的游览胜地。园内自然景观与传统建筑充分显示出皇家陵园的雄伟、壮丽和现代园林
的清雅、秀美特征。
③ 东陵：又称"福陵"，国家重点文物保护单位。建于1629年，是清努尔哈赤及其皇后叶赫
那拉氏的陵墓。陵区占地面积54hm²，位于沈阳市东约10km。它与沈阳市的北陵、新宾县
永陵合称"关外三陵"，陵寝建筑规制完备，礼制设施齐全，主要建筑规模宏伟，陵寝建筑
群保存较为完整。
④ 《奉天省长公署档案》记载："以北陵为公园有相当设置，始得尽园林之胜。是以实行之际，
除修筑马路、建筑桥梁外围中尚须有相当之点缀，必当拟计一定妥善之管理规则。"

图 5-7　北陵公园与东陵公园

大，自然植被丰富，并且拥有优美的环境和众多的小品以及构筑物，独具古典皇家陵园的特色，其作为城市公共空间开放，不仅为市民提供了休闲场所，同时促进了城市的环境改善以及园林绿化。（图 5-7）

（四）建设城市公共交通

奉系政府主导下的沈阳传统城区的改造规划中比较重要的一项内容是城市公共交通的建设。沈阳最早的城市公共交通工具即 1908 年 1 月 4 日由中日合办的马车铁道，它成为当时联结沈阳传统城区与"满铁"附属地的重要交通工具。[①]20世纪 20 年代沈阳已经成为东北地区重要的铁路交通枢纽，但进出沈阳的市民需要在"满铁"控制下的奉天驿进行中转。同时随着城市的发展以及人口的逐渐增加，传统城市内部缺少便捷的公共交通工具，不同地区的居民沟通联系不便，单

---

① 1922 年 10 月 14 日，中日商办沈阳马车铁道股份有限公司经营 15 年期满按约解散。马车铁道经营业务，以"南满"铁路附属地（今西塔附近）为界，以东由奉天马车铁道公司善后事务所经营，以西由日商大仓组继续经营。1925 年 8 月末，经营了近 18 年的马车铁道，由有轨电车替代。

一的工具及运营线路已经无法满足市内交通的需要，并且马车铁道的安全性较差，交通问题日益突出。因此城市公共交通的规划建设成为亟须解决的问题。

奉系政府参考日本市区改良计划中关于道路整备及铺设电车轨道的方法，由奉天省长公署特别会议决定，拆除马车铁道，修建奉天市有轨线路，从1924年1月14日开始，至1931年九一八事变前，共开通有轨电车营运线路3条。1923年9月，由中日商人合办的私营公共汽车公司出现，至1931年共开辟14条公交线路。市政公所为促进电车与汽车交通工具的发展创办了电车厂[1]及汽车厂，由其事业课进行管辖，并制定了一系列规章制度，使其管理工作得以有条不紊地进行，电车与汽车的运行服务和管理进入良性运营轨道（表5-1），有轨电车与汽车的运行构成了沈阳近代城市公共交通网络（图5-8），这样不仅缓解了城市交通拥挤、市民联系不便的状况，而且促进了传统城区的改造、商埠地的建设以及新型工业园区的开发，对实现城市商贸的聚集效应起到了重要的作用，推动了沈阳城市近代化的进程。

表5-1　　　　　　　　　　　1925—1931年沈阳城市公共交通

开通时间	起止站点	交通工具	线路范围	投资方
1925.10.10	大西门—小西边门	有轨电车	城西	中方
1925.11.05	小西边门—西塔		城西	中方
1930.12.20	太清宫—大北门	有轨电车	城北	中方
1931.08.10	大北门—大东门	有轨电车	城东北	中方
1925.04.19	小东边门—北市场	汽车	城东至西	中日
1925.10.15	小西门—北市场	汽车	城西	中日
	小东门—北市场		城东至西	
	小东门—小西门		城东至西	
1925.12.01	大东边门—马路湾	汽车	城东至西	中方
1926.02.01	南市场—北市场	汽车	商埠地内	
1929.05.05	北市场—大北边门	汽车	城西北	中日

---

[1]　1925年8月19日，奉天省长公署公布了《奉天市电车厂暂行章程》并组建了奉天市电车厂。奉天电车厂为市直属单位，设厂长一人，技术长一人。厂内设总务、运务、电工、轨道四股。

（续表）

开通时间	起止站点	交通工具	线路范围	投资方
1929.05.13	钟楼—小东边门	汽车	城东	中日
	北陵—小西边门		城外	
	南市场—工业区		城外	
1929.06.13	大东门—小河沿	汽车	城东	中日
1929.11.01	钟楼—大南门	汽车	城北至南	中日
1930.07.01	北市场—皇姑屯车站	汽车	城外	中日
1931.02.05	小西边门—商埠地五纬路	汽车	城西	中日

资料来源：根据沈阳公交网关于近代沈阳城市公共交通内容整理。

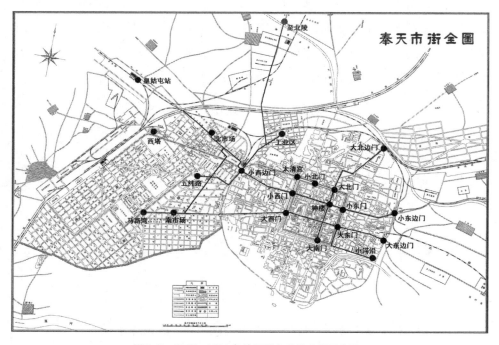

图5-8　1925—1931年沈阳城市公共交通示意图

（五）更新与改造城市建筑

奉系政府时期，一方面沈阳传统城区内的房屋"建筑方法多欠讲究，既空气光线之不足，尤其雨、水、火之堪虞甚，且修造雨搭、埋设幌杆，图展私界，侵占官街，历年来习以为故常"[1]，这使得城市内部混乱、面貌较差，更新与改造势在必行；另一方面沈阳已经成为东北地区的政治、经济中心，随着奉系势力的扩大及政权的稳固，官僚资本[2]逐渐形成、发展并且急剧膨胀，使得奉系集团的统治者有雄厚的财力购地营宅、经商建厂。同时"满铁"附属地在这个时期内已完成了大量的公共建筑及设施建设，形成了独具特色的建筑风格，并且西方的金融、贸易等势力大量涌入商埠地，营建银行、别墅及住宅。这些对沈阳传统城区产生了重要的影响，使得建筑技术普遍进步、建筑类型大量增加，促进了沈阳城市建筑的更新与改造。

　　奉天市政公所成立后即设工程课，负责城市土木建筑、维修等建设与管理事项。在此期间市政公所制定了一系列建筑管理章程[3]，实施对建筑从业人员的管理以及建筑技术人员、设计公司的审核制度，这些对建筑行业的规范化管理及现代建设管理具有一定的促进作用，标志着沈阳建筑业管理体制的逐渐成熟。在这种体制的指导下当局开始了城市建筑的更新改造，传统城区的建筑活动主要以商业功能为目的，以商业建筑的更新与改造为代表。分布于内城四平街[4]（图5-9）至外

图5-9　奉天四平街

---

① 请参见奉天市政公所布告第8111号。

② 在半殖民地、半封建社会的中国，统治者凭借国家政权的力量建立和发展起来的资本主义经济，是政治不民主、经济不发达的产物。

③ 如《取缔建筑暂行章程》《取缔建筑公司及建筑公司有同等性质营业者之规则》《改试从事建筑技术人规则》等。

④ 四平街：今沈阳中街。

图5-10　帅府西院红楼群

城商埠地的主要道路沿线，成为城市商业轴线的基本架构。临街的商业铺面建筑由两至三层的砖墙承重，在构造上多为木桁架屋顶以及木质楼地面；建筑立面表现为折中风格的"洋门脸"式样，强调立面上的装饰；建筑平面相对简单，设单部室内楼梯或室外楼梯，厕所单独设于室外。[①]这些建筑的更新，体现了中西结合的特色，反映出本土设计师对西方建筑手法的学习与吸取。这段区域以其独特的建筑形象促进了城市景观的改变。除此之外，张氏家族建设的帅府西院红楼群[②]（图5-10）对传统城区的风貌也产生了重要的影响，其代表

---

① 王鹤.近代沈阳城市形态研究［D］.南京：东南大学，2012:117.

② 帅府西院红楼群：由中国建筑师杨廷宝负责设计，其设计既具有强烈的时代特征，又有所探索和创新。杨廷宝将西方传统立面的繁复形式做了大幅简化，在细节部分增加了中国元素，使得红楼群既保留了西方古典韵味又巧妙融入了中国传统审美符号。红楼群整体对称，前三座楼是一正两厢房，后三座呈E字形，既突出了军阀府邸的气魄又兼具闲适的生活气息。墙体外立面为清水红砖，仅在墙角和窗框处用砂浆装饰，整体色调稳重、典雅。

了传统建筑走向近代化的进程。这个时期公共建筑、居住建筑等其他类型建筑基本都集中于商埠地内，这个将在下面进行介绍。

二、商埠局的设立与商埠地的规划

沈阳商埠地的开辟与初期规划始于晚清政府时期，在第三章中已做过介绍。当时沈阳处于开埠之初，当局只是对商埠地的性质、发展目的、用地选址与范围、组织机构与职能及租地办法等进行了规定，而规划建设活动相对较少。但是商埠地的开辟及相关规定的实施在一定程度上推进了沈阳城市商业经济的发展，为奉系政府时期商埠地的发展提供了良好的条件。奉系政府以沈阳为统治中心后，接管了商埠地的管辖权，在之前的基础上进行了以改组商埠局、规划道路、开辟南北市场、管理土地租贸、规范建筑管理、兴建各类城市建筑为主的商埠地规划建设。这一系列的规划内容不仅使得商埠地内北正界、正界、副界①得到全面开发，使商埠地进入繁荣时期，成为中外贸易的中心以及工商业金融中心，而且提高了沈阳城市的经济竞争力，改善了交通条件，推动了奉系政府自主建设城市的进程。同时由于日本控制下的"满铁"附属地在两次市街计划后不断发展，商埠地的规划建设在一定程度上遏制了日本殖民势力的扩张，形成了沈阳传统城区与附属地之间的缓冲以及联系空间。

（一）改组商埠局

沈阳开埠之后，晚清政府设立奉天交涉使署开埠总局，管理相关开埠事务，后添设会丈局，负责制定租地简章程、建筑条例以及经办土地出租等事宜。1911年清政府改会丈局为开埠局，1914年北洋政府奉系军阀统治时期奉系将开埠局划归奉天省长公署管辖。1916年开埠局被改为商埠局，机构与职能也随之扩大。然而由于商埠局内部组织并不完备，职员职责较为混乱，因此1923年由省长核准后，商埠局重新进行改制，内部机构调整为总务、埠政以及工程三课，其中局长为总办负责整体事务，每课设课长一员，佐理员及雇员

---

① 这里没有提到预备界，因为1931年之前，其土地仍旧停留在图纸状态，九一八事变之后它才成为"满铁"附属地的扩展部分，由"满铁"组织规划实施。

若干名，各课的具体职责如表中所示（表5-2）。商埠局作为沈阳近代的城市管理机构，其设立、制定的章程及规划建设对于商埠地面貌的改变起到了重要的作用。

表5-2　　　　　　　　　　　　商埠局机构设置一览表

机构名称	机构主要职能
总务课	文书收发分配及保存事项
	商埠局一切法令布告公布事项
	关于埠内人民争诉公断及与外国人因土地房屋及其他交涉事项
	土地房屋租款收入事项
	商埠局经费预算、决算收支及呈报事项
	商埠局应用物品之购买保管及土木修缮发款各事项
埠政课	商埠局区域内地方行政各事项
	关于埠内市行政组织及监督地方自治各事项
	筹办埠内行政司法警察各事项
	计划埠内道路交通及调查户籍，取缔居宅建筑各事项
	整理埠内经界及登记埠户土地房屋各事项
	筹设埠内储蓄银行或储蓄会及公立贸店事项
工程课	关于埠内道路、桥梁、沟渠、水利、沙堤之计划建筑及上下水工程事项
	关于道路洒水及下水排泄事项
	关于埠内各项工程计划及测绘勘估各事项
	关于市场公园及游乐地建筑修理事项
	关于土地测量及制图事项
	关于街市上下水道之设置管理及市面工程计划监督事项

资料来源：根据《奉天商埠局第一次报告书》内容整理。

（二）规划道路

商埠地为新辟建的城区。晚清政府时期，由于经营时间短，其建设的内容较少，主要集中于北正界和正界之内。在道路网方面，当局并没有进行规划，仅修了几条道路。奉系政府执政时期，道路建设是商埠地开发的首要任务。受传统城区更新与改造的影响，商埠局组织了从马路到街区的新区开发以及相关市政设施系统工程的建设，这是具有近代城市规划意义的城市建设实践。下面按阶段分期对商埠区内的道路规划进行说明。

1.北正界：其范围北至皇寺大道，南至西塔大街①，西至"南满"铁路，面积约为1.02km²。由于晚清管理机构及商业机构布置于此，同时京奉铁路车站运营通车，聚集效应加强了该处的开发程度，这里成为清末沈阳城郊繁华的区域。奉系军阀统治时期，当局在原来道路的基础上新建了南北向主要道路6条，东西向道路7条，并分别以经、纬路命名。如1920年商埠局建成十八经路马路，全长1000m，宽9.6m。②这个时期道路受原有建筑及地形的影响较大，因此道路所划分的地块呈现出不规则的形状。商埠局对这些地块根据实际情况进行划分，按照《修补奉天商埠租建章程全文》的规定确定等级后再进行招商与出租，借此进行对北正界商业经济的开发。

2.正界：其范围北至西塔大街，南至十一纬路，西至今和平大街，东至今青年大街，面积约为2.03km²。该区域地势良好，处于沈阳传统城区及"满铁"附属地的中间位置。其道路的规划采用了与北正界基本一致的手法，新建南北向道路9条，东西向道路5条③，如1920年商埠局建成三经街，全长1770m，宽9.6m，形成了经纬交叉的道路网。虽然这里受"满铁"附属地道路及传统城区城墙的限制，交叉的道路网组成的地块呈不规则的四边形，但相较北正界而言，还是比较规整和有序的，同时也反映了正界内的道路规划更多的是基于城区之间交通联系是否便捷的考虑。这个时期正界的十一纬路与西塔大街成为连通传统城区与附属地之间的重要纽带，同时道路的建设也带动了该区域的发展。各国领事馆、商贸公司以及奉系军政要员的住宅均在此建设，使得正界成为商埠地的核心地段。

3.副界：其范围北至十一纬路，南至今南运河，西至预备界，东至沈阳传统城区外城城墙，面积约为1.35km²。这里位于沈阳城外西南，地势低洼，经常受到浑河水患的影响，从而形成多水沼泽之地，用地条件较正界处于劣势。

---

① 西塔大街：今市府大路。

② 沈阳市城市建设管理局.沈阳城建志（1388—1990）[M].沈阳：沈阳出版社，1995:22.

③ 其中东西向道路中一、二、三、五及十一纬路在晚清政府时期均已修建。

该区域开发时间晚于前两个地段，当局新建东西向道路4条，南北向道路7条。与北正界及正界不同的是，副界的道路规划规整并呈现方格网的布局特征。这种道路网结构，避免了道路斜交锐角和交叉点过多的现象，便于建筑的布置，并可保证良好的朝向，有利于地块的出租，充分发挥了土地的使用效率。同时这种形式使得该处被分割为16个正方形的地块，成为副界租地的基本单元。副界内的租地情况与北正界相似，基本以本土商业为主，从而形成了具有地方特色的商业空间。

4.预备界：其范围北至"满铁"附属地边界，南至今南运河，西至"南满"铁路，东至副界七经路，面积约为2.45km²。根据规划，其道路呈方格状，南北方向道路13条，东西方向道路10条。这种布局使得该处被分割成22个方形地块。预备界中仅有约六分之一至五分之一靠近商埠地副界的土地为中国商民所租用，其余的地块在《奉天商埠预备界租地鱼鳞图》中均标注有平野正平、井上信翁等日人的名字，可见"满铁"曾有计划地大宗囤积预备界土地以缓解铁路附属地用地不足的情况。[1]

至1931年九一八事变前，商埠地共修建35条经路和31条纬路，道路的布局采用了以经纬垂直相交的方格网为主的棋盘式规划形式。（图5-11）道路的建设直接促进了商埠地内地块的开发与租售，加强了其与"满铁"附属地、传统城区之间的交通联系，促进了商埠地的经济繁荣，对奉系政府的发展及遏制日本殖民势力的扩张起到了一定的作用。

（三）开辟南北市场

1918年，张作霖为促进民族工商业的发展，下令开辟南北市场，建设的目的主要是通过吸引商业资本和繁荣商埠地，增强自身的经济实力，同时抵制日本殖民资本对于本土经济的破坏。其中北市的开辟时间略晚于南市，位于北正界之内。[2]商埠局并未对其进行新的规划建设，只是顺应原有的街路格局进行了适应性的调整，大量商埠和住户的选址具有较大的随意性和自由性。它的

---

① 王鹤.近代沈阳城市形态研究［D］.南京：东南大学，2012:135.

② 北市场南邻市府大路，北靠皇寺路，西与南京街毗邻，东沿作颂里、华丰里，其间包括十八经街、十九经街以及这两条街与二十六纬路的交叉地带，总面积为0.47km²。

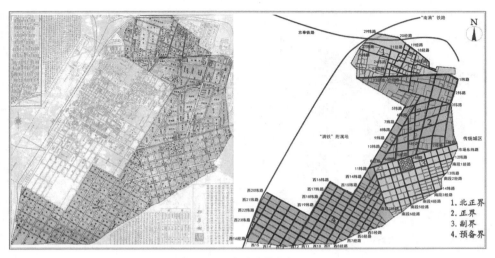

图5-11　商埠地道路建设图

开辟一方面达到了吸引人流、聚集商业、发展商埠的目的，形成了极具地方特色的消费空间①，另一方面由于缺乏适当的规划引导，使得该地在促进商业繁荣的同时也导致了城市空间的混乱。

　　而新建的南市场处于商埠地副界的核心位置，而副界又由奉系政府进行了系统的道路网规划，因此当局也对南市进行了规划，由商埠局工程课课长何毅夫②组织实施。南市③位于邻近十一纬路的区域内，市场布局以中国传统的八卦图为参照，中心设圆形广场——"华兴场"，周围建"圈楼"，按八卦方位修筑八条道路，分别对应八卦中的八个卦象，并且按照八卦的内容进行街路的命名，道路纵横交错。④（图5-12）这种规划带有浓厚的中国传统文化色彩，

---

① 北市场以清代实胜寺庙会为基础汇聚多种行业，包括饭馆、茶社、剧场、商铺以及妓馆、烟馆等。

② 何毅夫：毕业于日本工科大学。

③ 南市：位于今十一纬路中部南侧，北至十一纬路，南至十三纬路，西至马路湾，东至三经街，合为方形，总面积为0.07km²。

④ 古代八卦即乾、坤、巽、兑、艮、震、离、坎。由华兴场放射出的四条道路分别被命名为"乾元路""艮元路""巽从路""坤后路"。再由四条道路与前者垂直相交构成环路即"坎生路""震东路""离明路""兑金路"。其设计象征八卦所说的"太极生两仪，两仪生四象，四象生八卦"。

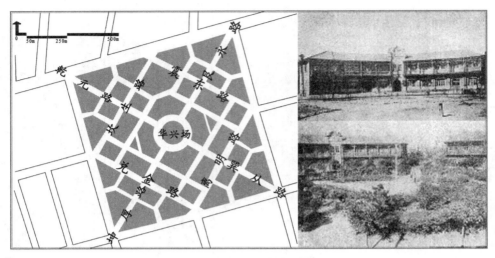

图5-12　南市场八卦街平面图

既反映了奉系政府引入兵家谋略中的御敌去邪思想，又是一种民族主义的表现形式。南市场的规划建设是在奉系主导下的沈阳近代城市规划中的一种自主探索方式，其图示化的道路组合，灵活地划分了租售地块，增加了各商业地块的临街铺面。不仅有利于商家的经营，同时其在传统文化及功能的暗示下，更有利于地内土地的出租与招商。

（四）管理土地租贸

晚清时期，商埠地内管理土地的条例为开埠总局制定的《租地简章十六条》。其中对于土地经营权、土地租价、租售形式等进行了详细的规定。商埠局成立后，对于该条例进行了修正，并形成了《修补奉天商埠租建章程全文》。新章程与之前章程相比在租地手续、租地面积、转租程序及违章处分等方面有了更明确的规定，涵盖内容更为全面。

新章程规定，土地出租应由商民选择地段，前往商埠局挂号，声明愿意承租的地亩面积、具体位置、租地目的、租用种类及租地人的个人信息，经局中的经理员批准给租后，商埠局派员前往所指地段丈量签界，之后承租人填写契约，缴纳规定的费用，租地手续就算完成。若是外国租户，在完成上述程序后，还须到本国的领事馆备案。租地面积下限为10亩，上限为20亩，设立公司以及大事业者，须先行报明商埠局，则可准其多租。章程中同时声明埠界内土地永归商埠局所有，中外商民只准照章向商埠局租用，不得私相买卖及抵押，唯有得到商埠局核准后，租户才可将土地转租，地上产业也可典当抵押与他人。租户若欲将地亩转租，须与接租人同至商埠局，缴还旧契约，换领新契约。倘若违反规定，商埠局有权收回土地使用权，撤地另租他人。土地仍然按照旧例划三等九则九个等级的租地，租价按等级递减。

据统计，至1922年商埠地共出租土地约3.758km²。中等租地，尤其是中下等租地是商埠土地的主要构成部分。根据估算当年商埠租地收入在127万元以上，接近当时奉天省年度财政收入的十分之一至九分之一。[①]奉系政府时期商埠局制定的土地政策，其主要经营方针为土地出租与商业投资。政府通过出租可以获得资金，为城市建设积累足够的基金，而商业投资则可以促使商埠地逐渐走向繁荣，进而带动沈阳城市的整体发展。

（五）规范建筑管理

晚清政府时期的商埠地由于建筑活动较少，因此《租地简章十六条》中主要是针对土地租贸的问题，对于建筑管理并未制定相关章程。随着奉系政府执政，商埠地各区域得到开发，建筑活动频繁，需要有相关的法规进行约束。因此在《修补奉天商埠租建章程全文》中新增了对于建筑的管理，共18条。然而由于当局对建筑管理缺乏一定的经验，因此章程中有关建筑条例的规定，主要是从城市规划的角度对建筑行为及建筑物提出相应的要求，如建造房屋的程序、临街与不临街建筑房屋的样式、房屋在道路上的控制红线等条例均是城市规划的视角。

现以建筑样式和建筑与道路的关系为例分析商埠地的建筑管理。其中关于前者的规定有两条，即沿街建筑的形式，不得沿用旧有样式，须为新式房屋或新式瓦房；非沿街建筑，不限定其为新式楼房，不得搭盖草房，禁止房屋建设有碍街道整齐的建筑式样，以使街区面貌整齐划一。而关于后者的规定有一条，"凡建筑房屋应距离公道大马路留余地一丈，中马路留七尺，小马路留四

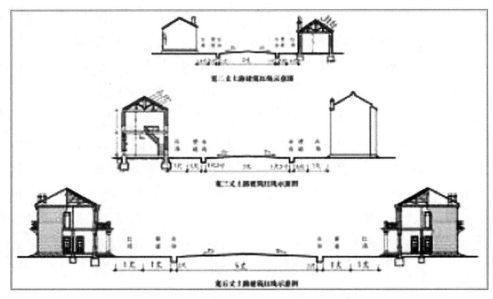

图5-13　商埠地沿街建筑与道路关系图

尺为街前便道，前项之尺度以营造尺为准"。即根据道路宽度的不同，建筑与
道路的间隔也不相同。而建筑层数则规定不得高于五层，并没有按照道路的宽
窄进行规定。（图5-13）建筑管理的制定，使得商埠地内形成了井然有序的城
市风貌。

（六）兴建各类城市建筑

　　商埠地在晚清时期的建设主要以外国使馆建筑和一些基本的城市设施为主。
奉系政府执政时期，随着传统城区改造而进行的交通工具的改善、各国商贸公
司的大量涌入、奉系军政官员及富绅贵族的购地营宅以及日本经济势力的逐渐
渗透，商埠地逐渐进入繁荣时期，并与传统城区一样掀起了建筑活动的高潮。

　　这个时期商埠地内的建筑类型主要以居住建筑和公共建筑为主。居住建
筑与之前相比发生了巨大的转变，出现了大量奉系军政要人及上层人物居住的
别墅式住宅，其在建筑造型、平面布局等方面均采用了西方折中主义[①]的建筑

---

① 西方折中主义建筑风格：19世纪上半叶至20世纪初，在欧美一些国家流行的一种建筑风格。
　　其特点是任意模仿各种建筑风格，或自由组合各种建筑形式，不讲求固定的法式，只讲求
　　比例均衡，注重纯形式美。

图5-14　汤玉麟公馆　　　　　　　　图5-15　英国汇丰银行奉天支行

风格特点。如汤玉麟公馆（图5-14）、张作相官邸^①等均为此类建筑的代表。而各类为城市生活服务的公共建筑，如银行、商场、办公楼、邮局、娱乐建筑等发展到新的阶段，表现为向大型化、大量化发展，其建筑形式主要以西方古典复兴式样^②（图5-15）为主。

三、新型工业区的创建与规划

民国时期，沈阳地区的民族工业不论是资金规模，还是技术水平和管理水平都处于劣势。奉系政府统治时期，随着其势力的崛起及实力的增强，奉系对

---

① 汤玉麟公馆建筑造型稳重，主入口在西侧，用四根爱奥尼克式柱子承起二层平台，平台兼作入口雨篷，平台栏杆为欧式栏杆。墙面有明显的欧式割线条装饰，平屋顶、女儿墙有欧式线条装饰处理。张作相官邸主入口的两侧及上部各有两根比较大的欧式柱，柱间做欧式半圆拱形装饰。一层墙面开窗为拱形窗洞，二层及三层墙面开窗虽为矩形窗洞，窗户上沿采用拱形装饰与一层窗洞呼应。

② 古典复兴建筑：18世纪60年代至19世纪流行于欧美一些国家，采用严谨的古希腊、古罗马建筑式样。其最明显的特征是扬弃中世纪时期的哥特式建筑风格，而在宗教和世俗建筑上重新采用古希腊古罗马时期的柱式构图要素，又称"新古典主义建筑"。

民族工业进行了有力的扶持，民族工业逐渐发展。①但由于日本殖民主义以及资本主义经济的影响，民族工业受到压制，其中军事工业受影响最大。在民族主义意识不断高涨的背景下，以张作霖为首的奉系把开发新区作为冲破外国资本垄断的主要手段，同时奉系也考虑到商埠地商业的繁荣，认为发展工业、创建城市工业园区是维持城市经济长期良性循环的重要保障，因而开始大力扶持工业，并将工业园区的建设作为其主导下的自主规划建设中比较重要的一部分。传统城区马路的建设，也推动了城区的扩展，促使新区得到开发。这个时期沈阳共建有三个大工业区，分别为大东工业区、西北工业区以及奉海工业区。

（一）东三省兵工厂与大东工业区

大东工业区的开辟与东三省兵工厂的建立有着直接的联系。1919年奉系政府为巩固其政权统治，增强军事力量、发展军工生产，在沈阳市老城区以东，由大东边门延伸到东塔②农业试验场处，建立东三省兵工厂，占地面积约为1.8km²，包括两个部分。其中东塔以东占地约0.6km²处为东三省航空处附属工厂③及飞机场，以西占地约1.2km²处为兵工厂基址。④由于兵工厂距离传统城区较远，厂内员工来往不便，政府随即增加了生活配套设施，并逐渐形成了南部生活区、北部工厂区的格局，这片区域当时即被定名为"大东新市区"。其中工厂区的范围东至今凌云街，西至大东边门，南至长安街⑤，北至善邻路；而住宅区则在漭江街以东，长安街西南，小河沿以北。

---

① 张作霖将1916年收敛来的庞大资财的一部分投向官营企业，对一般的地方产业也采取一概保护培植的政策。官营企业的发展令人瞩目，地方产业也得到扶植。王永江1922年担任奉天省代省长后，也制定了更为详细的工商业发展计划，采取了官商联合出资的方式，积极倡导开采矿山促进工业发展。

② 东塔：位于今大东区东塔街2号，为护国永光寺的附属建筑物，清皇太极时建成。

③ 东三省航空处附属工厂：奉系早期的飞行训练和飞机维修基地，其飞机场是沈阳近现代历史上四座机场之一。1931年后改称"'满洲'航空株式会社所属航空工厂""'满洲'飞行机制造株式会社"。今为沈阳航天三菱汽车发动机有限公司。

④ 辽宁省政协学习宣传和文史委员会编.张作霖·奉系军事集团［M］.沈阳：辽宁人民出版社，1999:517.

⑤ 长安街：今长安路。

　　该区域内的行政事务，由东三省兵工厂直接经营管理。兵工厂自设事务行政管理处，负责大东新市区的市政建设、区域规划及土地房产经营等方面的管理。兵工厂的建设经历了两个时期[①]，其内部机构也在这个过程中不断调整。1924年杨宇霆[②]担任兵工厂总办之后，建厂达到高峰，其下共设有17个单位[③]，到1931年九一八事变之前，兵工厂占地总面积约2.13km²。

　　大东工业区以东西干道长安街为界，虽然北部工业区面积较大，但该处主要围绕工业区进行以军事工业设施为主的建设，如生产铁路车辆、矿山机械及军用物资等，因此并未进行道路及其他方面的规划。但兵工厂对其南部的生活区进行了规划，采用的是方格网的道路系统。其中南北向的主要道路有6条[④]，街道之间的距离在150—200m之间；东西向的主要道路有10条[⑤]，街道之间的距离在200m左右。这些道路的命名方式与商埠地内用数字命名经纬路的方式有所不同，采用的是东北地区城镇的名字，这实质上是奉系政府民族主义思想的一种表现。同时在功能布局方面，东三省兵工厂围绕生活区在满足工人住宅用地需要的基础上进行了公共基础设施的建设，如修建大东公园、工人俱乐部、工人游艺园[⑥]及跑马场等。至日本全面占领沈阳之前，该工业区已建成工业、住宅及生活福利设施等各类配套设施齐全的新市区。[⑦]（图5-16）

---

① 1919年8月至1924年为初创期，1924年后为扩建期。

② 杨宇霆（1885—1929）：字邻葛，辽宁省法库县人。奉系军阀主要首领之一，历任奉军参谋长、东北陆军训练总监、东三省兵工厂总办、奉军第三和第四军团司令、江苏军务督办、安国军参谋总长等职。任职期间杨宇霆建立东北海军，制定田赋制度，修筑战备公路并督办东三省兵工厂等。

③ 总办下设事务行政与生产业务两处。前者分为四处（庶务、材料、工务、审核）两科（文牍、会计）三单位（统计委员会、兵工学校、兵工医院）；后者分为八厂，即兵器、火具、铸造、药、炮、炮弹、枪、枪弹。

④ 南北向道路自西向东为漭江街、洮昌街、东边街、营口街、昌图街和安南街。

⑤ 东西向道路由北至南为黑龙江街、奉天街、吉林街、绥远街、热河街、察哈尔街、哈尔滨街、西安街、绥中街以及通化街。

⑥ 园内修建礼堂、游戏场、讲演厅、电影放映场及兵工厂医院等。

⑦ 兵工厂先后建造大小各式楼房30余所，宿舍600间，提供给职员居住和租用。同时室内配备电灯、排水等设施。

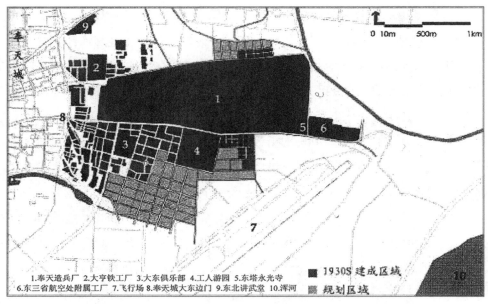

1.奉天造兵厂 2.大亨铁工厂 3.大东俱乐部 4.工人游园 5.东塔永光寺
6.东三省航空处附属工厂 7.飞行场 8.奉天城大东边门 9.东北讲武堂 10.浑河

图5-16　大东工业区平面图

　　大东工业区是奉系政府统治时期最重要的物质空间，在其成立13年间生产了大量的军事装备，其中很多都是同时期国内工厂中所没有的品种[1]，这种强有力的军事支持使奉系在与日本殖民势力及国内军阀的斗争中占据了有利的态势。九一八事变后日本关东军接手这块区域，设立株式会社奉天造兵所[2]，并在原来的基础进行了扩充，使其成为日本殖民东北地区及侵略中国的强大军事工具。

　　（二）奉天市政公所与西北工业区

　　1923年，奉天省长公署决定在沈阳传统城区西北部辟建西北工业区，亦称"惠工工业区"[3]。其目的主要有以下几个方面：一是随着奉系势力的增强，带动了城市经济的发展以及城市规模的逐渐扩大，需要新建用地并扶持民族

---

① 其主要原因有四个：一、投入大量的资金进行扶植；二、设立兵工学校，培养技术人才；
　　三、从国外调剂材料来源；四、不断进行技术革新。
② 原来工厂的部分建筑设施则分别划归关东军兵器厂、"满洲"飞行株式会社、关东军宪兵队等。
③ 惠工工业区是张作霖取"惠赐工业"之意，故定名为"惠工"。

工业的发展；二是这个时期由于第一次直奉战争①中奉系战败，使得张作霖奉系政府调整政策，谋求军事发展，对于工业区的建设比较重视，新区功能旨在优先发展工业；三是传统城区内有轨电车的建设，使得大西门、小西门、大北门、小北门城墙外的房屋全部被拆除，为解决该区域内市民的居住问题，遂将该处的住户全部迁入工业区，同时也可以此带动工业区的发展。基于以上目的奉系政府开始在此进行规划建设。西北工业区位于"南满"铁路（今沈哈铁路）以南、天后宫路以北、山东堡路及敬宾街以西、皇寺路以东，占地面积约为0.93km²。其中约0.27km²土地用于建设广场、道路、学校、医院、公厕、市场和管理机构办公用房，其余则用于建设工厂和商业及服务业设施。②该区域的行政事务由奉天市政公所进行管辖。

工业区在道路系统及街区划分中采取了放射矩形道路网的规划形式（图5-17），即以惠工广场为中心，向周围辐射6条马路，分别命名为"一马路""二马路""三马路""四马路""五马路""六马路"。同时在马路外围建东西横行、南北纵行的街巷共计26条。这种规

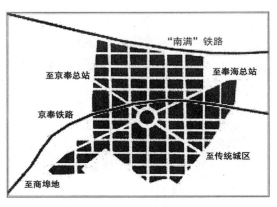

图5-17　西北工业区道路示意图

划形式，明显受"满铁"附属地以车站为中心，布置放射矩形道路格局的影响。采用矩形道路网小街区的城市布局，有利于缩小街区面积，增加道路长度，表现出明显的商业性质。至1927年，共建成37条马路，整个工业区的干、支路全部完成，极大地完善了城区功能。

在土地管理方面西北工业区采取了与大东工业区不同的经营方法。③1924

---

① 第一次直奉战争：1922年4月爆发，以直系军阀吴佩孚战胜奉系军阀张作霖而结束。战争源于直皖战争胜利果实分赃不均和直系对亲日亲奉的梁士诒不满。

② 沈阳市文史研究馆.沈阳历史大事本末：下卷［M］.沈阳：辽宁人民出版社，2002:548.

③ 大东工业区的土地由东三省兵工厂收购周边民地而来，主要用于工业及住宅建设。

年奉天市政公所颁布《西北工业区租领地亩章程》及《租赁地亩章程施行细则》，规定租售土地以中华民国公民为限，不准将其租售于外国人。这也是奉系政府民族主义意识高涨在政策法规上的体现。西北工业区将土地分为上等、中等、下等及特等共四级进行租放，设定长期20年、年期10年的租用形式；同时规定年租土地不得超过一亩，长租土地不得超过两亩，当设立大厂或大型企业用地较多时，需要进行报审批准。西北工业区通过这种方式进行招商，吸引投资建厂。至1931年，工业区的工商业已经得到迅速发展，出现了如奉天迫击炮厂、电灯厂等近代工厂以及国民大市场、露天市场等商业机构。工业区的人口已达到34335，其中从事工业的有4563人，从事商业的有4660人，二者占职业人口总数的41.2%，反映出该区域以工商业为主的社会结构特征。[①]

西北工业区的规划建设与传统城区的更新改造、商埠地的建设截然不同，是奉系政府主导下沈阳近代城市规划中一次新的探索与实践。它的建设缓解了传统城区的压力，加强了其与工业区、商埠地、传统城区之间的交通联系，带动了城市经济的发展；同时它与当时日本"满铁"附属地形成了有力的竞争。工业区以广场为中心的放射矩形街道布局直到今天仍然是沈阳北站商贸金融开发区的街道骨架。

（三）奉天铁路公司与奉海工业区

奉海工业区是随着奉海铁路计划的实施而逐渐兴起和发展的。奉系政府主政东北之后，由于受到日本关东军控制下的"南满"铁路对其军事扩展及经济发展的阻碍[②]，为摆脱日本经营铁路的牵制以及防止本地经济利益外流[③]，1924年，张作霖组织成立了自营自建铁路的领导机构和执行机构——东三省

[①]　王鹤.近代沈阳城市形态研究［D］.南京：东南大学，2012:138.

[②]　关东军以"南满"铁路控制奉系行动，除要其交付运费外，还有附加条件：一、奉军要在日本驻奉天总领事和关东军司令部的批准之下才能乘车，还必须临时解除一切武装及枪支弹药，另行托运，日本关东军和铁路守备队有权监督；二、奉军的军事物资必须得到关东军司令部批准后才能运输；三、日本方面随时可以拒绝张作霖的运输请求。

[③]　建设铁路的目的主要有三个：一、吸收大量移民开发地方经济，增加政府的财政税收来源；二、经营铁路可以获得大量利润，用铁路利润中的部分补充奉军的军饷开支。三、摆脱关东军的控制，为自主部署及调动奉军创造条件。

交通委员会，并制定了纵贯东北三省的铁路东、西干线计划。在使用本国资本及技术力量的基础上，贯通沈阳、海龙、呼兰，连接奉、吉、黑三省，此为东干线；贯通打虎山、通辽、洮南、白城子、齐齐哈尔，连接奉、黑两省，此为西干线。其中东干线南段的奉海铁路①得以率先铺建，这是中国东北第一条由中国人独立建设的官商合办铁路。

1925年5月14日，王永江在奉天八王寺成立奉海铁路公司，奉天政务厅长王镜寰②为公司经理，原四洮铁路总务处长陈树棠③为技术长，投资奉大洋2000万元，官股、商股各一半。公司明确规定，公司股票只准中国人持有，不准抵押或转汇给外国人，这是民族主义思想的一种表现。同时该公司也是奉系政府设立的第一个官商合办的铁路公司。1929年随着奉天改为沈阳，奉天铁路公司也改称"沈海铁路公司"，至1931年撤销。公司下设总务、工务、车务、会计共四处④，隶属东三省交通委员会，公司主要负责奉海工业区的行政与建设事务。

在奉海铁路计划实施的过程中，为引导城市向外发展，优化城市布局，抵制"满铁"附属地向外扩展，奉天省政府制定了以奉海车站为中心的新的城市区域发展规划。奉海工业区位于沈阳传统城区大北边门外，北至跑马场，南邻今沈阳东站，东至东毛君屯，占地面积约3.6km²，由奉海铁路公司负责建设。自1925年起，规划范围内私人土地由奉海铁路公司购买，公司于1926年完成收购，开始进行规划建设。

---

① 奉海铁路：自沈阳大北门外（今沈阳东站）起经过抚顺、清原，终点至奉、吉两省交界处的海龙县城（今海龙镇）。之后干线又延长至朝阳镇（今辉南），全长263.5km；支线自梅河口（今莲河）经东丰至西安煤矿（今辽源煤矿），计73.6km。但奉海铁路的干支线被日本以不平等条约占据借款与修筑权，王永江于1923年1月与"满铁"交涉。1925年，奉天省以向日本借款修筑洮昂铁路为妥协条件，日本遂放弃奉海铁路借款及修筑权。

② 王镜寰（1883—1935）：辽宁锦州市北镇人。曾任奉天省东丰县知事、奉天官地清丈局总办、奉海铁路公司总办、东三省交涉总署署长、外交部驻辽宁特派员等职。

③ 陈树棠：毕业于北京大学土木系，经高等文官考试合格分至内务部。

④ 其中总务处设文书、置备、庶务、编查、附业五课；工务处设文牍、工程、地亩、电务四课；车务处设车务、业务、运转、计核、机务五课；会计处设文牍、检查、综核、出纳四课。

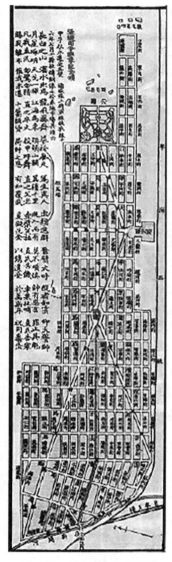

图5-18　奉海工业区平面图

工业区平面布局为矩形，在今东北大马路与今东辽街交汇处设置规模较大的椭圆形广场，中央建有张作霖的铜像，以广场作为奉海工业区的中心。围绕广场向四周辐射6条道路[①]，同时东西向规划9条马路，与奉海铁路线平行，南北方向规划12条中型马路[②]，与东西向道路及铁路线垂直，其相交的矩形地块尺度在150m×500m左右，从而构成了奉海工业区的城市格局。（图5-18）这种以广场为中心的放射矩形道路网的规划手法延续了西北工业区的规划形式。而工业区在选址及其与铁路关系方面，与"满铁"附属地的规划也具有一定相似性。同时该地区内还规划有大型跑马场、公园和剧场等游乐设施。由于奉海工业区开发较晚，随着九一八事变爆发，建设也随之中断。

奉天工业区初步形成之后，奉海铁路公司便开始制定针对区内土地管理的章程即《沈海铁路公司修正出放沈阳市场地亩章程》，共计二十条。章程对于土地租用对象、种类、程序、租地规模等都做了详细的规定。其中租地对象以中华民国公民为限，土地在转卖时，必须亲自到公司呈报，而且不能转给外国人。这与西北工业区的租地对象是一致的，都是这个时期奉系政府民族主义思想在法规制定上的一种反映。在租地种类方面，

---

① 六条道路分别为东北、西北、正北、东南、中央及南大马路。

② 其道路的命名采用与大东工业区一致的方法，即采用东北地区城镇的名字，反映了这个时期民族主义思想的高涨。南北向道路自西向东分别为辽沈路、吉长路、延吉路、依兰路、滨江路、绥兰路、龙浜路、黑河路、津海路、大名路、保定路、口北路。东西向道路主要有嫩江街、呼兰街、吉林街、安东街、新民街等。

铁路公司以地势的优劣为评定标准，将土地分为特、甲、乙、丙四等。[①]在租用程序上，由公司设立地亩课，租用土地的市民需要去此处申请，并缴纳一定的费用。而在有关租用土地内的建筑方面，规定租用十二丈马路两侧土地的市民，临街的一面必须建筑楼房，以保证市区风貌的齐整。同时对地上建筑提出要求，租用者必须在缴纳地租后两年内竣工，否则将会没收土地从而另行租放。

奉海工业区在土地管理方面相较于西北工业区有几点不同的地方。一是从土地租用年限来看，前者的永租年限提高至30年。二是从地租的种类来看，前者增加了永业这种新的类型，除预留马路及各项公用土地之外的土地，租用人均可租用。这是一种鼓励租用者如期建造地上建筑的政策。租用者只需缴纳永租的租价，且在规定期限内完竣，便可得到公司颁发的永业执照，获得土地的所有权。这种方式在一定程度上带动了市场的繁荣，促进了工业区的开发，但在商埠地内并没有实现。三是对于租地的规模并没有很明确的限制。随着奉海工业区的建设及土地租放管理规定的实施，至1929年工业区内众多的陶瓷业、纺织业、机械制造业等工商业组织已初具规模。

奉海铁路的建设打破了外国势力对东北铁路的垄断局面，促进了东北东部的社会发展、经济开发以及与关内外的物资交流。奉海工业区的规划建设是奉系政府主导下又一次成功的自主探索与建设实践，促进了城市东北部经济的快速发展，并与西北工业区、大东工业区在空间上共同形成了对日本"满铁"附属地的遏制之势，为奉系政府与日本"满铁"进行有力的对峙与竞争提供了充分的物质基础。

三个新区的建设均是在民族意识高涨的背景下发展起来的，虽然奉系政府只是做了初步的区域规划，区域之间尚未较好地联系起来，仍处于分离状态，反映出近代城市发展的局限性；但是它们的发展给沈阳城市面貌带来了深刻的变化，工商业迅速发展，人口规模扩大，促进了城市文化的多元化发展，管理机构的设置、城市基础设施的建设以及整体环境的改良使得城市资源得到了优化配置，城市的凝聚力和吸引力增强，加速了城市近代化的进程。

---

① 其四等的租用价格分别为现洋560元、520元、480元、440元。

第三节

与奉系时期的东北重要城市的比较

清朝时，黑龙江与吉林两省处于清廷设在盛京的总揽东北行政大权的将军或总督的管辖之下。民国时期，黑龙江与吉林在一个军事长官（都督）的管辖之下，获得了与奉天同等的地位。张作霖奉系政府在1916年掌控奉天省，确立以沈阳为政治中心后，开始重建奉天对东北地区的传统管辖权。张作霖在1918年被任命为东三省巡阅使，中央政府承认其在东北地区的主要利益和独立行政权，使得张作霖稳固地确立了对奉天和黑龙江两省的控制，同时他利用日本的势力，又控制了吉林，从而彻底实现了奉系政府对东北地区的掌控。在张作霖奉系政府统治期间，虽然沈阳因其政治特殊性，被作为首府城市进行重点建设与管理，但是出于巩固统治，发展壮大奉系以及反对殖民与地方势力等方面的考虑，奉系政府并没有忽视对黑龙江和吉林两省的城市建设，在行政体制与城市规划方面或采用与沈阳同样的形式，或根据吉、黑两省自身的情况，进行了不同于前者的城市规划。

一、哈尔滨行政体制与城市规划

哈尔滨在1898年之前仅为当时东北地区一个普通村屯的名称，然而其地理位置非常重要[1]，19世纪末，随着中东铁路的修建，哈尔滨逐渐成为东北地区重要的近代城市。1903年中东铁路全线通车后，沙俄以中东铁路管理局[2]的

---

① 哈尔滨北靠松花江，东接阿什河，同时还是阿勒楚喀通往呼兰的必经之地。

② 中东铁路管理局名为铁路管理机构，实为沙俄在中东铁路附属地的殖民统治机构。中东铁路管理局隶属沙俄财政部的中东铁路公司，是中东铁路的行政总机关。

名义开始了对铁路附属地及哈尔滨行政、司法、警察等一切特权的全面控制。1920年中国政府收回了中东铁路附属地主权，改称"东省特别区"。东省特别区的设立，既是原中东铁路附属地特殊地位的反映，也是东北地方政府势力消长的反映。东省特别区直属奉系，是奉系政府用以牵制吉、黑地方政府势力的重要工具。1922年张作霖任命朱庆澜为东省特别区首任行政长官，区内所有军警、外交、行政、司法各机关统归朱庆澜管辖。东省特别区下设滨江警察厅、路警处、警察总管理处以及吉、黑两省铁路交涉局等，行政长官公署内设十处，分掌职事。奉系政府在这个时期接管了哈尔滨，把当时的哈尔滨分割成四部分：一是东省特别区市政管理局①，二是吉林省滨江市管辖的区域②，三是黑龙江省管辖的区域③，四是哈尔滨特别市。为加强对哈尔滨的统治，1926年奉系政府成立了哈尔滨特别市，特别市隶属东省特别区，管辖埠头区（今道里区）和新市街（今南岗区中心区域），奉系正式确立了哈

图5-19　1923年东省特别区哈尔滨规划全图

---

① 市政管理局辖马家沟、旧哈尔滨（今香坊）、新安埠（今道里区抚顺街一带）、八区、顾乡、正阳河和江北太阳岛等区域。

② 在傅家甸（今道外）、圈河、太平桥（今太平区部分）一带。

③ 在江北马家船口、松浦一带。

尔滨的城市行政体制。当局随后于1927年成立滨江①市政公所，确立了近代哈尔滨的城乡分治格局，初步实现了行政机构和行政职能的统一。由于哈尔滨地位的特殊性，奉系政府采取了不同于沈阳的行政体制。

1923年东省特别区编制了《东省特别区哈尔滨规划全图》（图5-19），张作霖聘请俄国人作为规划设计的主要人员，吸收了当时欧洲先进的城市设计理念。设计者从城市的功能出发，根据原有的地理条件以及铁路在城市中的走向，划分出以商业街区为中心的道里区和以行政办公为中心的新城区，在一些主要大街的交叉处，采用环形广场接放射形街道的布局方式，为中国的传统城市规划注入了新的理念。设计者同时根据城市内各种职能部门不同的功能需求进行城市规划和布局，将城市划分为商业区、居民区、工业区等不同的功能分区，这种按功能分区规划的思想受到俄国规划思潮的影响，有利于商业发展，使得城市初步具备了近代城市的布局，为哈尔滨城市化进程打下了良好基础。至1927年，哈尔滨发展为"北满"最大的商品市场和物资集散地，为奉系政府的统治及发展提供了坚实的基础。

二、吉林市行政体制与城市规划

吉林市是在晚清对抗沙俄殖民侵略的过程中逐渐发展起来的军事政治城镇，是当时吉林地区最重要的政治、经济、文化及军事中心，与沈阳在辽宁地区的核心地位是一样的，吉林市也是东北中东部地区的金融和贸易中心。但是中东铁路通车后，吉林市不在铁路的沿线，同时1911年发生"火烧船厂"②事件，使得吉林市的城区受到严重损毁，与当时迅速发展的哈尔滨、长春相比，城市开始走向衰落。然而清末新政之后吉林市被定为吉林省的省会，其政治中心地位依然存在，加之其拥有优越的地理位置以及广阔的经济腹地，所以奉系政府十分重视吉林城市的管理与规划建设，在奉系完成对吉林省的控制后，采

---

① 滨江：今哈尔滨市道外区，地处市中北部。
② 吉林城建于清朝康熙年间，初名"船厂"。当时以松木杆为城墙和城门，城内主要街路包括北大街、西大街以及河南街等都曾采用木材铺路。正因如此，吉林古城曾被称为"吉林木城"，历史上吉林木城内曾多次发生火灾，因而有"火烧船厂"之称。

用了与沈阳基本一致的行政体制与城市规划，吉林市得以继续维持在该区域的中心城市地位。

奉天市政公所成立后，吉林市政公所于1923年9月11日成立，吉林也正式出现市的建制，这一机构是政府在近代吉林市建立的第一个市政领导机关，标志着吉林具有近代化意义的城市行政体制的确立。在张作霖的眼里，沈阳是其政治中心的根本，而吉林则是维系巩固其自身统治的另一个重中之重。因此，奉系对吉林的管理与建设，从行政体制、机构管理、专家聘请到城市规划等各方面都遵循了沈阳模式。在市政公所的领导下，当局制定相关的法规和章程，开展了完善城市基础设施建设和强化城市管理的活动，促进了吉林近代城市规划的发展。主要规划内容包括：拆除城墙、修建环城电车、规划城市道路网；采用功能分区手法，将市区划分成居住、商埠、工业、风光四部分，重点发展风光区，加强城市公园等公共空间的建设①，为吉林成为旅游城市奠定了重要的基础；同时还对城市环境卫生、路灯、车辆交通等方面进行了管理。这一系列的更新与规划活动不仅使得吉林市的城市规模扩大，传统城市的面貌得到改善，区域的政治、经济、交通等功能得到强化，而且为其发展成近代东北地区城市化、工业化的典型城市准备了条件。

第四节
奉系时期沈阳城市规划特征分析

一、王永江对沈阳城市规划的影响

张作霖在1916年成为奉天督军兼省长之后，他继承的是一个处于各种困

---

① 集中财力建设和保护北山、龙潭山森林公园和沿江堤岸观光带。

境的省府和城市。张作霖本身是一个军阀，他的目标并不限于奉天乃至东北地区，而是要求得对当时中央政权的全权掌控，他要筹集大量的资源，并且把所有投入战争以保胜利。而王永江则为他的这种目标提供了保证。他们两个实际上代表着东北政治的两个方面：军事与民政。从最初的奉天省警务处处长兼沈阳警察厅厅长到后来的奉天省省长，王永江在行政的改革、城市的规划与管理等方面采取的措施保证了地方经济的发展及社会稳定，他在背后提供的支持为张作霖巩固统治起到了重要的作用。

随着西方城市规划思想、制度、技术等的引入，国人对城市功能、城市发展规划以及空间布局有了新的认识，城市的经济功能和整体规划受到重视。王永江作为奉天当时的执政者，沈阳的城市规划与他的思想动态紧密相连。他把借鉴国外先进经验视为城市近代化的捷径，为学习西方先进的规划建设以及管理模式，专门派人去当时日本人管辖的关东租借地大连考察，考察主要包括城市的道路网、市政基础设施、建筑形式等方面，同时派人赴日本及美国考察和学习先进的市政管理办法。在此基础上，王永江结合沈阳自身的情况，确定了沈阳城市发展目标并制定了城市远景规划[①]，根据城市所承担的不同功能对城市进行了不同的规划，并通过兴办工业、组织市场和发展城市交通等措施把规划变为现实。在他的指导下沈阳呈现出全面发展的新轨迹，并形成了近代城市发展中的沈阳模式，其城市空间格局为张作霖奉系政府的巩固及势力的发展奠定了基础。

二、民族主义在城市规划中的表现

通过对沈阳近代城市规划发展的梳理可以发现，这个时期沈阳传统城区、商埠地及三个工业区的建设都是在奉系政府主导下进行的，奉系政府通过建立具有现代意义的市政机构，在道路布局及用地分区等方面采用先进的思想及技

---

① 《当局之市政计划》载："明年（1923年）筹集款项，兴办瓦斯工场以补电气燃料之不足，并以瓦斯中副产物之臭油以修道路。道成以后，现有大车亦加以通行限制，逐渐改用动车以保护道途及市房建筑。其他各项次第举办，期于五年中得有相当成绩。"参见当局之市政计划［N］.盛京时报，1922-8-26(4).

术，其自主的城市管理与规划建设促进了沈阳城市的发展与经济的繁荣，有效地遏制了日本"满铁"附属地的殖民扩张，形成了与日本殖民势力的有力竞争，体现了民族主义的社会思潮。

这种民族主义思想在城市规划上的具体表现主要包括：商埠地南市场中具有中国传统文化色彩的八卦街的规划建设，反映了奉系政府引入兵家谋略中的御敌去邪思想；大东、奉海及西北工业区中道路的名称，采用的是中国东北地区城镇的名字，如黑龙江街、奉天街、吉林街、辽沈路、延吉路等；工业区中土地管理章程中租售对象限于中华民国公民的法律规定，奉海工业区中心广场建设的张作霖铜像，这些均反映了奉系政府稳固政权，排斥与抵制日本的态度；由中国第一代建筑师杨廷宝负责的京奉铁路沈阳总站及东北大学校园①的规划建设，反映了张作霖与张学良父子期望通过民族形式表现中国力量，通过复兴民族文化实现民族国家的振兴、对抗日本的侵略的初衷。

同时，沈阳近代城市规划建设的发展与留学日本并归国兴邦的人才密切相关。如商埠局总办韩麟生为解决埠政荒芜、经费拮据等问题，亲自筹措资金，增修道路，开辟街心公园，促进了南北市场的建设及商埠地内各项事业的迅速开展；沈阳市市长李德斯在支持商埠地完成近代化基础设施建设的同时，报请张学良批准开放昭陵、福陵为公园，辟建北陵大街，完善传统城区至商埠地以及附属地的有轨电车线路，启建发电厂，完善排水设施，设立公立学校，促进了沈阳的近代化进程；沈阳市政公所事业课长徐箴，亲自设计有轨电车线路，并担任奉海铁路总工程师，使沈阳成为京奉、奉海、"满铁"、安奉、沈抚5条铁路的交汇枢纽，为沈阳跻身近代都会城市奠定了良好的交通条件；还

---

① 1928年张学良出任东北大学校长后，选定在沈阳昭陵附近建设新校园。在校园规划建设中通过两条主要轴线控制总体布局，校园主体建筑沿南北轴线依次呈院落式展开，是对中国传统建筑群落布局的传承。同时，各学院建筑群亦呈合院式布局，并在南北轴线两侧对称布置，体现主次、从属的空间序列。至1930年，东北大学校园已初具规模，共建成六个学院，各学院群落相互衔接，校园整体性得到加强。

有如实业界的杜重远①，军工界的韩麟春②等，为对抗日本殖民势力，促使沈阳成为近代工业城市做出了巨大的贡献。

三、市政公所主导下的城市功能分区的形成

奉系政府以沈阳为统治中心后，因为城区内没有明显的区域划分，居住、商业及行政交错混杂在一起，各种问题层出不穷，亟须改善；同时因为受到"满铁"附属地近代城市规划的功能分区理论的影响，所以奉天市政公所成立后，随着新区的建设，进行了城市功能分区的划分。③政府将城市按功能分为居住、商业、行政、工业、混合、教育等区，并且对各区域的建设提出具体的规定和要求，以此作为区域建设的依据。如居住区应建在适宜居民生活、尽可能远离工厂、临近商业区的闲静之地；商业区一般应设在城市的中心区，尽量选择在与车站相连的主要道路及交通运输方便的地方，同时应设有相应的银行、邮局等配套设施；行政区要设在交通最为便捷的地方；工业区则选择在靠近资源地、交通方便、尽可能远离住宅区的地方。在这种分区规定下，至1931年之前沈阳的城市分区仍未明确。如居住区分布于传统城区及商埠地内；商业区分布于传统城区、商埠地正界及南北市场；行政区分布于商埠地正界及传统城区内；工业区则分布在传统城区的外部；其余则分布于城区各处，并未形成区域，城市仍然处于一种无序的状态之下。这种情况一方面说

---

① 杜重远：1923年留日归来后即投身实业以振兴中华，筹资创建了肇新实业公司。从此，沈阳有了第一家华资机制砖瓦工厂，开始了从传统青砖大瓦向红砖水泥瓦的转变，打破了日本资本独霸市场的局面。后杜重远又增资扩建，引进德国设备开始了中国机器制瓷业的先河。其砖瓦产品不但被东北大学土建工程包销，而且也为惠工工业区和沈海工业区等提供了大量的工民用建筑材料。肇新是沈阳城市近代化过程中极具代表性的工业文明成果。

② 韩麟春：清末留日学习军事，毕业归国曾任清政府陆军部军械司司长，讲武堂教务长。1922年，任东三省兵工厂总办，从日本、德国、丹麦等国引进设备、技术和管理人员。由于韩麟春注重炮械生产，促使兵工厂的炮械产量迅速提高，大大改善了奉军的炮兵实力。韩麟春主持兵工厂以来，兵工厂数年间迅速成为拥工2万人左右、占地千余亩、有铁路专线和自备电厂的全国第一大厂。

③ 沈阳建市之初的城市分区是以行政管理的角度考虑的，延续警察厅的原区划作为建市后的行政分区。

明城市功能分区的发展尚未成熟；另一方面则反映了这个时期内奉系政府主导下的城市规划缺乏整体性，还停留于功能片区的规划与建设层面，只是城市拓展的局部规划。

四、马路主义的城市规划思想

1895年12月上海马路工程局成立，标志着以修筑马路等市政建设为主的近代城市规划的开始。马路主义旧城改造与商埠地的建设是这个时期城市规划的重点，改造传统街道、在新区建造马路是其主要表现形式。中国多数重要城市形成了"从街道到马路的城市改造以及从马路到街区的新区开发"的格局。马路主义城市规划是具有近代城市规划意义的城市建设实践，奠定了近代城市道路交通的基本格局。

奉系政府主导下的沈阳近代城市规划经历了传统城区的更新改造以及新区的开发建设两个主要阶段。在沈阳传统城区的基础上进行的旧城改造，主要通过拆除城墙、拓宽与新建马路、建设城市公共交通、修建公园等活动，较大程度地改变了近代沈阳的城市面貌。马路的建设促成了大东、奉海、西北三个新型工业园区的建立并且促进了商埠地建设的繁荣。在这些新区建立与发展的过程中，街巷→马路→马路网的规划是城市建设的重点内容。规划者根据不同地区的建筑及地形情况因地制宜，商埠地与大东工业区采取棋盘式方格网街道布局形式，奉海与西北工业区则采用放射矩形式道路网的街道布局形式。前者可以避免道路斜交锐角和交叉点过多的现象，便于建筑的布置和道路布局的整齐，同时便于地块的出租；其弊端是道路网密度较高，交通联系不便，不能够明确划分干路与支路。后者既可以保持中心的繁荣及对外交通的便捷，又有利于缩小街区面积，增加道路长度，表现出明显的商业性质；弊端则易造成中心区的交通拥堵。但这两种马路网的布局形式在奉系时期都不同程度地提高了土地的利用效率，带动了新区工商业的经济发展，为奉系政府提供了坚实的物质基础，促进了沈阳近代城市规划的发展。直到今天，上述道路网的布局形式仍然是沈阳部分地区的街道骨架。

五、与北洋政府时期近代天津的比较

中国城市的近代化进程于1840年之后相继开始，近代城市规划的发展也逐渐在城市中展开。其中天津作为中国近代典型的通商口岸城市，其近代城市规划经历了租界扩张与马路建设、局部城市规划建设、城市总体规划建设三个阶段。它的发展过程与沈阳在1931年之前的城市规划具有一定的相似性。

（一）从城市的发展形态来看

随着1860年中英《北京条约》的签订，天津被迫成为约开埠城市，在随

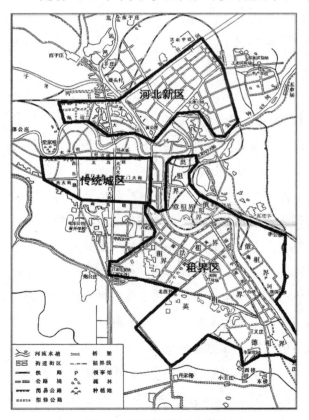

图5-20　近代天津城市格局图

后的40年时间里，西方国家纷纷在此设立租界。到1902年年底，天津租界已是传统城区面积的10倍左右。租界的管理由各国领事馆负责，后各国在租界内成立行政机构，租界成为各国排斥中国行政主权的特殊地域。这个时期租界建设的发展对中国传统的城市模式产生了重要影响，地方政府开始进行河北新区的规划建设[①]，模仿租界修筑路网，修建沿街建筑以及开辟城市公园等。天津因此逐渐形成了租界、传统城区及新区的空间格局。（图5-20）而这一城市形态

---

① 1903年工程局制定《开发河北新市场章程十三条》，将天津传统城区东北靠近北宁铁路面积约2km²的土地用于新区开发。

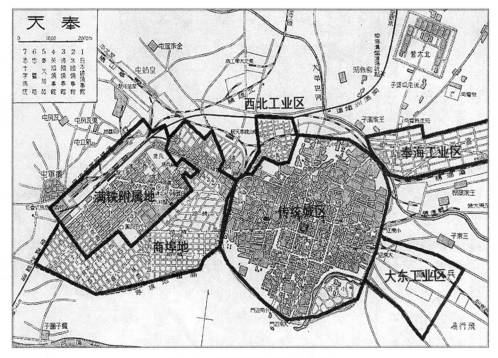

图5-21　奉系时期沈阳城市格局图

与近代沈阳由"满铁"附属地、商埠地、传统城区、新型工业区构成的格局
（图5-21）基本是一致的。

（二）从城市规划的主体来看

天津早期规划建设的主体与资金来源均为地方政府，天津开埠之前是京
师漕运和军事重镇，开埠之后更成为重要的京师门户，官方的资金雄厚。1883
年天津海关道成立的工程局作为市政管理机构，在5年内有计划地改造了天津
传统城区的主要道路。1902年袁世凯主导的河北新区建设成为中国最早进行
的城市局部新区规划，在此规划中，不仅统一设计了道路网，还运用政治手
段，将行政机构以及部分工商业、学校等迁入新区，形成较完整的城市街区。
在北洋政府统治时期，大量官僚资本聚集于天津，带动了天津房地产业的发
展，这些由军阀主持的开发项目规模巨大。项目建成之后，天津形成了具有近
代市政面貌的城市新区。如南市地区的开发，自1912年至1920年前后，在面
积约4km²的梯形地段上，先后建成了25条街道以及沿街建筑，形成了繁华的

商业区。^①这与20世纪20年代至30年代的沈阳近代城市规划有相似之处，沈阳的城市规划就是在以张作霖为首的奉系地方政府的主导下进行的。天津传统城区的更新及新区的建设都是为了发展民族工商业，缓解传统城区压力，遏制殖民势力扩张，提高自身竞争力而进行的。

（三）从新区的建设来看

天津河北新区与沈阳西北工业区、奉海工业区均强调新区与自主铁路的联系，如天津总站和西车站的布局类似沈阳京奉总站和奉海总站的关系，都在传统城区的北部形成了以铁路为构架的新型城区。天津新区的道路规划采用以平行轴线为经路，以垂直轴线为纬路而相交形成方格网的道路系统，其经纬命名结合中国传统文化^②，这与沈阳商埠地副界的道路建设及命名方式是一致的。与沈阳工业区的道路网不同，天津河北新区并没有采取放射状的道路格局。天津南市区的开发建设与沈阳北市场也较为相似，进行了以商业、服务业和地产业为主的规划建设，一方面达到了吸引人流、聚集商业、发展地区的目的，并且形成了具有地方特色的商业空间；另一方面这里缺乏适当的规划引导，导致了城市空间的混乱。另外河北新区许多建筑吸收了西方古典风格，这与沈阳城市中出现的现代主义风格的建筑注重功能与形式的结合一样，具有中西合璧的特色。

小　结

20世纪20年代至30年代奉系政府统治时期的沈阳近代城市规划给城市面貌和功能带来了深刻的变化，形成了以奉系政府为主导的近代城市结构。传统城区的更新改造和商埠地、新型工业区的开发与建设，使得城市郊区和农村地带被纳为城市新区，城市的范围大幅度扩大，由此增加了城市空间的容纳度。工商业的发展促使人口数量增加，完善的内外道路交通系统促进了人口的流

---

① 　吕婧.天津近代城市规划历史研究［D］.武汉：武汉理工大学，2005:66.

② 　以天、地、元、黄、宇、宙、日、月等命名。

动。1922年沈阳市人口达到25万[①]，人口规模的扩大促使城市文化多元化形态的形成。

具有现代意义的行政管理体制的设置、城市基础设施的建设以及城区整体环境的改善，使得城市资源得以优化配置，对于吸引商业投资形成了强大的辐射力。城市呈现出更加开放活跃的态势，城市的凝聚力和吸引力得到增强，为沈阳近代化的发展提供了良好的基础。虽然奉系政府主导下的沈阳近代城市规划打破了传统城市的发展模式，形成了新型的城市空间，但是也有一定的局限性。比如政府的管理机制并不规范，导致了土地市场的无序；各个城区之间的整体性不强，更多地注重局部的规划建设。

另外，这个时期奉系采取了一系列城市规划的措施，如铁路交通网的建设，摆脱了以"南满"铁路为中心的控制，保障了奉系政府在资源开发、军队运输等方面的独立自主；新型工业区的建设及工业体系的建立为奉系提供了强有力的军事装备；其控制下的城区除商埠地对外人招租外，其余均限制为本国公民，商业、贸易及经济自主权完全掌握在自己的手中；奉系执政期间城区的建设面积远远超过"满铁"附属地时期的规模，使得城市重心处于中国城区之内。这些措施对日本在沈阳的殖民统治起到了非常有效的遏制作用，使日本的殖民活动在奉系政府执政期间举步维艰。在中国近代城市建设中，地方政府与殖民势力进行对抗且地方政府处于明显强势地位的，可能只有奉系政府统治下的沈阳是这种情况。而在这种情况下的权力对峙也成为推动沈阳近代城市规划发展的直接动力。

---

① 王凤杰.王永江与奉天省早期现代化研究（1916—1926）［D］.长春：东北师范大学，2009:104.

第六章

伪满洲国的沈阳城市规划
（1932—1945）

1931 年九一八事变后，随着奉系政府的溃败，日本逐渐占领东北各城市。1932 年由日本一手策划、组织的傀儡伪政权——伪满洲国成立，日本以此为侵略工具，开始对东北地区进行殖民统治及城市规划建设。

　　沈阳的政治格局因此发生改变，由奉系政权与日本殖民势力对峙并存转为殖民势力占据主导地位。沈阳开始进入以殖民工业掠夺为核心的城市化与工业化发展时期。这一时期由伪满洲国政府执行城市行政职能，日本关东军及"满铁"株式会社在背后实质掌控。在伪满随后制定的纲要中，沈阳被确定为四大工业区①的中心。经过十多年的规划建设，沈阳成为东北重要的工商业城市。

---

① 四大工业区指的是奉天、安东、吉林以及哈尔滨。

第一节
何谓伪满洲国

一、伪满洲国的由来

日俄战争后，中国东北南部地区成为日本的势力范围，日本在此设立"满铁"并建立"满铁"附属地，东北南部地区成为日本控制整个东北，扩张势力和进行侵华殖民的落脚点。1927年6月27日，日本政府在东京召开了关于侵略中国尤其是侵略中国东北的具有重要指导性作用的会议——东方会议。日本首相田中义一提出要采取强硬手段，将整个东北从中国主权下分离出来，作为一个"特殊的地区"置于日本的保护之下，即将东北地区变为日本的殖民地。1931年6月，日本陆军中央部制定《解决满蒙问题[①]方策大纲》，作为其武装侵占整个东北的行动纲领。随后，日本关东军制定了以阴谋手段挑起事端的"柳条湖计划"[②]，并于9月18日，发动了震惊中外的九一八事变。6月19日，日军完全占领沈阳。随后关东军攻占"南满"铁路与安奉铁路沿线各地区[③]，不断扩大侵略战争，由于国民政府采取不抵抗、诉诸国联解决问题的方针，至1933年3月，东北地区全面沦陷[④]。

日本侵占东北之后对于如何进行殖民统治，费尽心机，并没有采取如英国

[①] 1931年日本陆军中央部拟定了"解决'满蒙'问题"的三个方案：一、在东北建立亲日政权；二、建立表面上独立的傀儡国；三、由日本直接领有东北，即吞并东北。

[②] 柳条湖是沈阳北郊的一个村庄，日本控制的"南满"铁路经过这里。柳条湖计划即日本在北大营附近制造爆炸事件，反诬中国官兵所为，以此为衅端，挑起侵略战争。

[③] 主要有长春、公主岭、四平、昌图、开原、铁岭、辽阳、海城、盖平、复县、营口、本溪、鞍山、凤凰城、安东等重要城镇。

[④] 即辽宁、吉林、黑龙江以及热河四省。

对印度、日本对台湾地区等一样的殖民统治手段，即设立军政合一的总督府，总督是该地区的最高首脑，由殖民者的高级官员担任。这主要是由于日本既想全面控制东北，又不想担负侵略者的罪名，要避免国际舆论的声讨。因此关东军、陆军中央部及日本政府经过多次争论后于1931年9月22日在沈阳首先确定了建立"独立政权"的方案，其方针为"建立受我国（日本）支持，以东北四省及蒙古为领域，以宣统帝为首领的中国政权"。其要领为"新政权"的国防、外交、交通、通信由日本掌管；国防及外交经费由"新政权"负担；维护地方治安则起用与关东军有联系的中方人员。这是九一八事变后，日本在东北地区实行殖民统治的第一个方案。之后，由于关东军认为建立"独立政权"并不利于日本的控制及殖民统治，因此，10月2日，关东军将之前的方案具体化为《满蒙问题解决策案》，并将其中的"新政权"改为"独立国"[①]。这成为炮制"新国家"（伪满洲国）的草图，其实质就是通过建立听命于日本的傀儡政权，一方面利用它掩盖侵略的行径，另一方面达到殖民统治的目的。随后，关东军相继制定了"满蒙共和国""满蒙自由国""满蒙独立国"[②]等方案，对"新国家"的殖民统治在方针、组织等方面做了具体的规定。1932年1月6日，日本陆军省、海军省和外务省共同制定了日本殖民统治中国东北的指导性文件《处理中国问题方针要纲》[③]，根本目的即把东北从中国版图中分离出来，使之成为日本殖民地。

二、伪满洲国的成立及性质

日本在制定了对东北地区殖民统治的相关方案之后，以此为依据，首先

---

① 由于日本关东军在侵占中国东北的过程中发挥了重要的作用，成为日本统治集团的核心力量，因此其建立"独立国"的意见也被陆军中央部及政府所接受。

② 1931年10月21日，关东军制定《满蒙共和国统治大纲草案》，其中特别强调在军事、外交及政治行政方面由日本全权掌握。11月7日，制定《满蒙自由国设立方案大纲》，其中提出建立"满蒙独立国"，并制定相关纲领、机构及建立方式。

③ 其中关于统治东北的规定主要为："根本方针是运用帝国的威力，使'满蒙'成为对日本永久生存发挥重要作用的地区；引导'满蒙'从中国本土分离出来，使其逐渐具备'独立国'的形态；日本人以顾问等身份参加其政权，加强日本的政治统治力量；'治安'和'国防'由日本负责，通过'满蒙政权'扩展日本的权益；使'满蒙'经济与日本经济成为共同的经济体。"

在各省进行所谓的"独立运动"，即指使汉奸在占领地区成立伪地方组织或伪政权，以此脱离张学良和南京国民政府。以辽宁为例，1931年9月24日，关东军指使汉奸在沈阳组织"奉天地方维持会"，后改为"辽宁省地方维持会"，代行伪省政府职能，而其实权则由日本操纵。①随后，吉林及黑龙江两省的伪政权也相继建立。至此，日本关东军开始筹建"独立国"的事宜。1932年1月27日，日本拟定《新国家建设顺序纲要》②，2月5日至25日，关东军参谋部及司令部召开多次会议，一方面就建立伪满洲国，控制其行政、军事、交通等问题做出决定，另一方面成立以张景惠为委员长的"东北行政委员会"。2月24日，关东军确定了伪国体制的方案，并交"东北行政委员会"发表，其内容为：伪国名为"满洲国"；伪国领土包括奉天、吉林、黑龙江、热河③及内蒙古东部；伪元首为"执政"；伪国都定在长春，改称"新京"，国号"大同"。

1932年3月1日，"东北行政委员会"发表"建国宣言"，声称"即日宣告与中华民国脱离关系"，创立"满洲国"。3月6日，关东军令溥仪在《溥仪致本庄书》上签字，规定将东北的国防、外交、交通等权力交与日本，这份条约实际成了中国东北沦为日本殖民地的卖国契。3月9日，溥仪在长春就任伪满洲国"执政"。9月15日，关东军司令官武藤信义与伪国务院总理郑孝胥签订《日满议定书》④，正式宣布承认"满洲国"。同时，该条约的签订承认了

---

① 由于该维持会的政令，仅在沈阳范围内有效，因此，1931年12月16日，关东军将该会解散，成立伪奉天政府。

② 主要内容为："以奉天、吉林、黑龙江三省省长组织'中央政务委员会'，进行关于建立'满蒙新国家'的准备。"

③ 热河：旧省名。辖今河北东北部、辽宁西部及内蒙古赤峰市。

④ 议定书的正文一共两条：一、"满洲国"于将来日"满"两"国"间未另订相反的协定之前，在"满洲国"领域内，日本国或日本臣民，依据既存之日华两方之条约、协定、其他约款及公私契约所有之一切权力利益，概应确认尊重之；二、日本国及"满洲国"确认对于"缔约国"他方之安宁及存立之威胁，相约"两国"合作以维持彼此国家之安全。为此目的所需要之日本国军队，应驻扎于"满洲国"内。同时该议定书还有四个秘密的附件：《溥仪致本庄书》《关于满洲国政府之铁路、港湾、航路、航空线等之管理和铁路线之敷设、管理之协定及基于此协定之附属协定》《关于设立航空会社之协定》《关于规定国防上必须的矿业权的协定》。

日本在东北地区包括驻军、永久占领等全部特权，中国东北完全沦为日本的殖民地。1934年3月1日，日本改伪满洲国为"大满洲帝国"，溥仪在长春南郊杏花村举行"登基典礼"，改称"皇帝"，年号"康德"。日本在此进行的殖民统治，直至1945年日本投降结束。同年8月17日，溥仪在通化宣读"退位诏书"，伪满洲国正式消亡。

伪满洲国是日本侵略中国的产物，表面上是一个独立的"国家政权"，实质是在日本全面控制下，由关东军一手策划、组织、推行殖民政策的殖民政权。它是日本扶持的第一个也是最大的一个伪政府，它的行政组织特点是实行"总务厅中心主义"，即伪政府的一切实权都由日本人担当的总务厅长官掌控，而总务厅长官又由关东军司令官操纵。因此，关东军司令官在伪满洲国拥有绝对的统治权，并且掌握着伪满洲国的命脉。在伪满洲国各级政府中，日本官员与伪满洲国的中国官员，共同组成伪满洲国的各级组织，以溥仪为首的中国官员均需听命于日本官员，并且按照日本对伪满洲国制订的统治政策行事。日本在东北地区实行的殖民统治政策与当时世界上存在的其他殖民政权所采用的殖民政策相比，是"独具特色"的，反映了日本通过控制伪满，进而侵略中国，吞并亚洲大陆，称霸世界的野心。

第二节

伪满洲国的殖民统治与城市规划行政

一、殖民统治的分期

九一八事变之后，日本全面占领东北，并于1932年操纵溥仪成立伪满洲国。九一八事变前，日本设在东北的殖民地统治机构有关东厅、日本领事馆、"满铁"及关东军，合称"四头政治"。关东厅掌握着"关东州"的行政权，日本领事馆掌管"满铁"附属地的警察权，"满铁"享有除"关东州"以外的"满铁"附属地的一般行政权，关东军则是对东北实行全面军事侵略的海外驻军。它们虽受日本内阁、陆军及外务省的管辖，但各自为政。随着日本对东北地区侵略的深入，上述机构的掣肘局面影响了日本在东北地区殖民统治的效能。这个时期，由于日本国内形成了以军部为中心的军国主义政府，关东军的势力逐渐增强，其组织策划的一系列事件改变了东北地区奉系政府与日本殖民势力对峙的局面，关东军地位得到提升。因此日本在东北逐渐确立了以关东军为主导的一元化殖民统治。^①

以关东军为代表的日本对伪满洲国的殖民统治主要分为以下三个时期：

（一）军事管制时期（1931.12—1934.12）

日本通过武力占领东北地区之后，由于殖民统治的形式尚未确定，局势也未"稳定"，因此首先结合军事占领实行军事管制，培植各地亲日政权，为伪满洲国的建立铺垫道路。关东军是实行日本殖民统治的总代表，关东军司令官掌管军事、行政、外交等一切大权，日本于1931年12月1日设置关东军统治部，后改称"特务部"，主要负责日本在东北的产业开发与城市规划及建设的方案制定。1932年1月18日，在关东军的指导下，"满铁"以调查课为基础，设置"满铁"经济调查会，其形式上虽隶属"满铁"公司内部机构，却是作为国家机构来处理东北的经济建设事务。其中第三部第八组为城市规划组，第三部主查是佐藤俊久，第八组组长是小味郑肇，顾问为折下吉廷。伪满洲国成立之后，溥仪任"执政"，在此期间颁布了《组织法》。伪满洲国设伪国务院、伪立法院、伪司法院和伪监察院。其中伪国务院是最高的行政机关与统辖机关，其下设八部、二局、一厅。伪国务院在"国务总理"之下，总务厅为拥有

---

① 1932年8月，日本政府任命关东军司令官兼任关东厅长官和驻伪满全权大使，实现三位一体的体制；1934年7月，日本提出将"'满洲'的军事、外交、行政的全权由关东军司令官一手掌握；排除拓务省和外务省的监督"；1934年9月日本内阁做出决定，"将现行的驻'满'机关三位一体制改为关东军司令官与驻'满'特命全权大使的二位一体制"。即由关东军司令官兼任驻"满"大使；同时赋予其行政监督权，而其权限要受内阁总理大臣的监督。这一系列举措最终确立了关东军在东北的全面殖民统治地位。

最大权限的机构，即"由以日本人为长官的总务厅处理'国务总理'的'国家政务'，使之成为实际上的'国务总理'"。

这个时期日本对东北的殖民统治具有以下特征：关东军特务部与"满铁"经济调查会负责殖民政策方案的制定，二者是日本殖民统治的中枢机构。关东军是最高统治机关，领导"满铁"经济调查会，特务部则是制定城市规划的最高决策机构。伪满国务院是其傀儡政权，服务于前两者。

（二）军政"统治"时期（1935.1—1937.12）

这一时期自关东军特务部废止开始，到"满铁"附属地行政权移交给伪满洲国结束。在此期间，特务部已经完成了其军事占领及军事管制的使命，为策划独占"满蒙"以及制定相关政策，关东军于1932年要求"满铁"成立经济调查会，作为殖民东北的调查研究和决策咨询机关。"满铁"经济调查会实行委员会制，委员分别来自"满铁"的总务部、监理部、技术局、地方部、抚顺煤矿等部门的次长和奉天事务所长，"满铁"理事十河信二任委员长。委员会决定各部的调查大纲、审查调查报告并转交"满铁"重役会、关东军，或通过军部向伪满洲国提出。调查会下设委员会和各部部门。

从名目上看，日本在东北的殖民统治机构从特务部转到"满铁"经济调查会；从形式上看，殖民统治机构由军事、半军事组织演变到民营组织，但其内容与实质并无变化，都是日本进行殖民统治的侵略机构。并且由于"满铁"与关东军有着密切的关系，"满铁"经济调查会实际上变成关东军领导下的一个机构，"满铁"一切调查活动与政策的制定，都是按照关东军的命令和要求行事，实行的仍是"军政统治"。伪满洲国最早的政策与法规都由该会炮制，如《满洲国经济建设要纲》等，此时的"满铁"相当于"关东州"民政时期的民政部。

这个时期日本侵略者为进一步巩固其在东北的殖民统治，在伪满政府机构中采用增加日本官吏的办法，中央和地方的一切重要官职均由日本人担任，增强日本官员的统治力度。同时，为加强关东军对地方政权的控制，日本对东北地方行政区划进行了改革，缩小省的范围，并且进一步强化警察机关。1937年5月，随着日本全面侵华的开始，日本将伪满洲国的行政机构进行大规模的改组，以此配合其侵略活动。这次改组加强了总务厅对伪满政权的全面统辖权力，总务厅将行政权力集于一身，实现绝对的总务厅中心主义①。

这一时期日本殖民统治具有以下特征：关东军处于主导地位，决定殖民统治的根本方针与政策；"满铁"经济调查会以此为基础制定计划或方案；伪满洲国政府和"满铁"执行计划或方案；城市规划行政由"满铁"经济调查会主持，城市规划方案及法规的制定由"满铁"经济调查会同伪满洲国共同完成，伪满洲国处于附属地位。

（三）伪政府时期（1938.1—1945.8）

日本通过以上两个时期的殖民统治，逐步使伪满洲国变成由关东军司令官掌握，原则上通过伪国务院总务厅长（日本人）具体执行的伪政府组织。这一时期的伪满洲国与以前有较大的不同，伪民政部已得到充实，大城市与军事城市的规划已由特务部和"满铁"经济调查会共同完成，而伪民政部所做的只是地方城市的规划。

二、伪满洲国政府机构的变迁

伪满洲国中央政府的构成是设立当初依据《政府组织法》确定的。《政府组织法》规定政府机构中"执政"为"国家元首"，下设五院、一厅，其中伪国务院包括八部、二局、一厅；实施帝制以后的1934年12月，政府机构中"执政"改为"皇帝"，新增二府，同时伪国务院中废除一局，增设一部；伴随《产业开发五年计划》的实施，伪政府进行了大规模的行政改革，1937年7月的"统治机构"概要如图6-1所示。

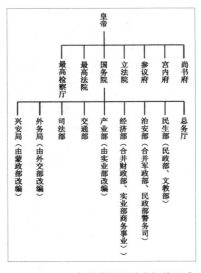

图6-1　1937年伪满洲国政府机构组成

① 总务厅中心主义重点包括：一、强化伪政府的经济统治与治安职能；二、伪国务院由九部，改为三局和六部，各部行政权力由伪国务总理大臣直接统辖，实际由总务长官直接控制；三、在总务厅实行日本人"次长制"。只在伪国务院保留总务厅，其余各部、公署一律撤销。

三、城市规划的行政机构与组织

1933年9月，伪满洲国政府设置城市规划的主管部局——伪民政部土木司，土木司下设都邑科。1936年1月，伪政府将伪国务院的外局国道局与伪民政部的土木司合并，组成伪民政部外局土木局，设置伪民政部土木局都邑科。1936年6月2日，伪政府颁布《都邑计划委员会官制》，对城市规划的行政主体进行了法律性的规定。从机构职权上来说，"'都邑计划委员会'关于都邑计划事项应关系各部大臣之询问，并得建议于关系各部大臣"；从机构设置上来说，"都邑计划委员会"分为"都邑计划中央委员会"与"都邑计划地方委员会"；从管辖部门上来说，"都邑计划中央委员会"置于伪民政部之下。依《都邑规划法》第一条规定，"由'民政部'大臣所指定都邑之省或特别市而冠以省或特别市之名称"①。1937年7月，伪政府解散土木局，都邑科作为伪国务院的外局由伪内务局都邑规划科管辖。1939年7月，伪政府废止内务局，将都邑科扩大为伪交通部都邑规划司。（图6-2）此外，伴随行政改组，伪政府具体实施了地方行政改革，公布省、特别市②、普通市③以及《市制》《市管制》《县制》《县管制》《街制》以及《村制》各项规定，各市、县地方政府设置伪工务科、建设局、都邑规划科等机构，从"中央"到"地方"，日本实行政治经济的统一殖民政策。

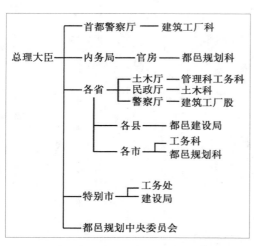

图6-2 伪满洲国城市规划行政组织图

---

① 蔡鸿源.民国法规集成：第74册［Z］.合肥：黄山出版社，1999:198.

② 特别市为"新京"和哈尔滨，1937年改组后只剩"新京"一个。

③ 普通市为奉天、吉林以及齐齐哈尔，改组后新增哈尔滨、安东、抚顺、营口、鞍山、四平街、辽阳、铁岭、牡丹江、锦州和佳木斯。

第三节

伪满洲国的沈阳城市规划历程与内容

一、伪满洲国城市的规划历程

根据日本对伪满洲国的殖民统治的分期可以看出，在行政主体上，经历了以关东军特务部、"满铁"经济调查会以及伪满洲国为中心的三个过程，实际上前两者是二位一体的"统治"机构；在土地的行政管理范围与性质上，经历了"关东军管辖的占领地＋'满铁'管辖的铁路附属地""'满铁'管辖的铁路附属地＋伪满洲国管辖的'国土'"以及最后均为"伪满洲国管辖的'国土'"三个阶段。在这个过程中日本在东北逐渐形成以关东军为主导的殖民统治。在这样的行政主体管辖与指导下，伪满洲国的城市规划过程也必然会反映出上述的殖民统治及行政规划的特征，从而表现出首都→大城市→军事城市→地方小城市的特点。[①]

（一）关东军特务部的城市规划（1931.9—1934.12）

这一时期城市规划的制定，都是在关东军主导下，由关东军特务部召集"满铁"及伪满，召开一次或数次关于城市规划的联合研究会（协调会），审议决定城市规划方案，最后由关东军决定城市规划概要（Master Plan），在这里"满铁"经济调查委员会与伪满洲国均处于从属地位。

随着城市人口的不断增加，城市规划的重要性与必要性越来越明显。于是，特务部1933年制定公布了一系列关于伪满洲国城市规划的文件，如10月16日公布《关于满洲国城市规划法规之文件》，10月18日公布《关于满洲国

---

① 李百浩.日本在中国的占领地的城市规划历史研究［D］.上海：同济大学，1997:172.

城市规划纲要》，11月16日公布《关于施行满洲国城市规划之文件》等。①

在以上方针指导下，关东军特务部主持制定城市规划，首先在三大城市进行——"新京"、奉天与哈尔滨；其次是军事上的战略重点城市（国境城市、铁路分支点、终点）——图们、北安镇、牡丹江；最后是地方重要城市（伪县公署所在地、工矿业城市）。

（二）"满铁"经济调查会的城市规划（1932.1—1937.12）

这一时期城市规划的制定，都是在"满铁"经济调查会的主导下，由"满铁"与伪满民政部一起完成的。这主要是因为当时伪满的统计机构还不健全，伪满民政部的规划技术力量也不充实，伪满政府是否有能力制定出体现殖民统治意图的城市规划，关东军尚且存疑，而"满铁"作为殖民统治的政治机构之一，又与军部有着密切的联系，所以关东军才把城市规划的行政权交给"满铁"经济调查会，以后再逐渐过渡给伪满洲国，因此，这一时期的城市规划仍然在军政统治下。

"满铁"经济调查会，1932年1月成立，1936年9月被撤销，在此期间进行了大量的调查，共计1882件。其中，调查立案分30编，汇编为《立案调查书类》；资源调查汇编为《资源调查书类》，并以机密文件印刷出版。《立案调查书类》的第20编为城市规划部分，共7册，外加4卷地图集。②自1934年12月起，前一时期以城市规划为中心实行殖民统治的关东军特务部被废止，城市规划改为在参谋部第三课（实为原来的特务部）的指导下，由"满铁"经济调查会会同伪满民政部一起主持制定。

（三）伪满洲国的城市规划（1933.9—1945.8）

至1937年年底，随着大城市与重要军事城市的城市规划相继制定完成以及"满铁"附属地"治外法权"的移交，伪满洲国民政部开始主管城市规划行政，主要进行以上两个时期主要城市的建设工作以及地方城市的规划制定与建设。

---

① 李百浩.日本在中国的占领地的城市规划历史研究［D］.上海：同济大学，1997:174.
② 李百浩.日本在中国的占领地的城市规划历史研究［D］.上海：同济大学，1997:192.

1933年9月，伪满洲国设置城市规划的行政机构——伪民政部土木司都邑规划科，至1938年前该部除了配合关东军与"满铁"经济调查会进行个别城市的规划外，主要进行城市规划基础工作，如制定《城市规划人口预想》《都邑规划标准》，公布《都邑规划法》，制定《都邑规划委员会官制办法》等。

由于当时"几乎没有关于都邑的调查资料与文献，对于城市规划的制定与调查相当困难"，因此伪民政部不久便完成了《都邑规划人口预想》与《都邑规划标准》，后者经修改后于1935年确定。[①]

《都邑规划法》公布后第二年的1月26日，伪民政部根据《都邑规划法》，指定39个城市为施行《都邑规划法》的城市[②]，以后，由于当局公布《改订国都建设法》，所以指定"新京"特别市为施行《改订国都建设法》的城市。1939年3月8日，伪国务院公告又增加9个"满铁"附属地为施行《都邑规划法》的城市。[③]1936年10月21日，伪民政部土木司在《都邑规划并事业处理方针（案）》第一条中，规定"全满"未来可能发展为一万人以上的城市都要进行都邑规划。而且，在1937年2月伪内务局都邑规划科制定的《都邑规划事业方针》中，也规定"人口显著增加，有经济价值，特别需要建设，有铁路站"的城市，都需要进行都邑规划建设。

1940年，由于战争的扩大，伪满根据"建国"八年来的城市规划建设、"国防"以及产业开发计划实施的经验，开始修订以城市为本位的都邑规划，实施包含农村在内的全部"国土"的综合规划，由总务厅策划处制定《国土规划策定要纲》，并设立由政府、地方诸机关、关东军、关东局、"满铁"及民间团体和权威者等组成的"国土规划委员会"。其主要内容为：第一目标

---

① 李百浩.日本在中国的占领地的城市规划历史研究［D］.上海：同济大学，1997：194–195.

② 吉林市、磐石、下九台、窑门，属吉林省。齐齐哈尔市、北安镇、依安，属龙江省。黑河，属黑河省。佳木斯、勃利、林口、依阑，属三江省。双城、新密山、滴道河、鸡西、莫和山、虎林、牡丹江，属滨江省。延吉、图们，属间岛省。安东、通化、辑安、长白，属安东省。奉天市、海城、鞍山、营口、西安、梅河口、柳河，属奉天省。锦州、葫芦岛、朝阳、阜新，属锦州省。承德、赤峰、凌原，属热河省。

③ 抚顺市、辽阳市、四平街市、铁岭市、本溪湖街、开原街、大石桥街，属奉天省。公主岭街，属吉林省。北票街，属锦州省。

的产业选点、人口配置、交通网规划；第二目标的水利、都邑配置规划、行政区划、福利设施规划以及神社庙宇景观地区的设定等。[①]

伪满洲国的城市规划与建设是在关东军的主导下，在"满铁"经济调查会与伪满政府的辅助下进行的。伪满政府制定相关的规划文件，并以文件为指导，首先进行的是"国都新京"的规划建设，其次是工商业大城市奉天以及"北满"[②]重镇哈尔滨的建设，再是军事上的重点城市，如中朝国境线上的图们[③]、安东，"北满"铁路的交通要地牡丹江市[④]、北安镇[⑤]等城市，最后是地方重点城市，如工矿业城市鞍山、抚顺等。至1942年，日本在东北规划和预定建设的城市已达到109个。主要城市的规划建设内容如表中所示（表6-1）：

表6-1　　　　　　　　　伪满洲国主要城市的规划概况

城市名称	城市性质	城市规划过程	城市规模	用地分区	道路网规划	公园设施
「新京」	伪满洲国的"首都"，政治、行政、经济、文化、教育中心城市	1932年制定城市规划方案，并进行"国都"一期建设计划；1938年开始"国都"二期建设计划	规划人口100万；城市规划区域1150km²；市区规划区域100km²	市区用地按用途分为居住用地、商业用地、工业用地、特殊用地及其他用地	放射环状与矩形于一体的综合式道路网，主干道宽为26—60m，次干道10—18m，支路4—5m	大同公园、南湖公园、和顺公园、顺天公园等，规划面积13km²
奉天	经济城市，工商业大城市	1934年制定《奉天都邑计划》；1935年开始铁西工业区的规划建设	规划人口150万；城市规划区域400km²；市区规划区域192km²	居住用地、商业用地、工业用地、绿地及其他用地	放射形与环状道路相结合，主干线与辅助干线共同构成道路网，宽度10—80m	春日公园、千代田公园、柳町公园等，规划面积41km²

① 李百浩.日本在中国的占领地的城市规划历史研究［D］.上海：同济大学，1997:198.
② "北满"：位于黑龙江与吉林之间，最早为东清铁路附属地，后为中华民国东省特别区。1933年7月1日改称"北满特别区"，管辖西起满洲里中经哈尔滨东到绥芬河以及哈尔滨至长春原中东铁路沿线一带地方（不含哈尔滨市）。总面积1017.3km²，1936年被正式撤销。
③ 图们：中国至朝鲜的天图铁路的边境终点站，同时也是"北满"图佳战略铁路的起始站，具有非常重要的战略位置。
④ 牡丹江市：位于图佳铁路与滨绥铁路的交叉处，是重要的铁路交通枢纽。
⑤ 北安镇：黑龙江北部重要的交通枢纽和区域中心。

（续表）

城市名称	城市性质	城市规划过程	城市规模	用地分区	道路网规划	公园设施
哈尔滨	"北满"重镇，日本经济的一大根据地	1934年制定《大哈尔滨城市规划概要》并开始一期规划建设；1938年进行二期建设	规划人口100万；城市规划区域2154.390km²；市区规划区域317.390km²	居住用地、商业用地、工业用地、临江用地及绿地带	放射形配置环状道路，与市内主要地点的交通构成主要街路网，规划道路宽度25—120m	太阳岛公园、江滨公园等，规划面积21km²
图们	国境城市，军事交通要地，木材加工工业及商品输出基地	1933年"满铁"实地调查后，1934年制定城市规划进行建设	规划人口9.7万；城市规划区域30km²；市区规划区域14.790km²	居住用地、商业用地、工业用地、绿地及其他用地	矩形道路网系统，规划道路宽度分为7—25m共7等	图们公园，规划面积1.9km²
牡丹江市	军事及交通要地，"北满"东部的工业与商业中心，农产品及木材矿产资源的集散地	1935年制定城市规划，进行实地调查，对规划进行修改后开始建设	规划人口30万；城市规划区域95km²；市区规划区域23.7km²	商业用地、工业用地、居住用地、铁路用地、军事用地、公园用地	矩形加放射环状式道路网，规划道路宽度分为8—40m共8等	北山公园等，规划面积4.8km²
北安镇	"北满"铁路的重要交通枢纽，交通要地以及农产品集散地	1933年"满铁"实地调查后，1934年制定城市规划进行建设	规划人口15万；城市规划区域32km²；市区规划区域17km²	官公用地、军事用地、居住用地、商业用地、工业用地、公园绿地	矩形道路网系统，规划道路宽度为7—40m	规划面积8.4km²
安东	军事要地，边境铁路口岸城市	1935年开始进行城市规划建设	规划人口50万；城市规划区域137km²；市区规划区域49.4km²	工业用地、港口用地、商业用地、居住用地、公园用地	矩形道路网系统，规划道路宽度分为7—30m共7等	镇江山公园、元宝山公园等，规划面积7.5km²
锦州	"南进华北"的战略基地	1933年制定建设大锦州计划，城市建设以军事区与旅游区为主	规划人口30万；城市规划区域267.1km²；市区规划区域58.9km²	军事用地、工业用地、居住用地、商业用地、公园绿地	矩形道路网系统，规划道路宽度分为8—40m	凌川公园、白云公园、向阳公园等，规划面积10.6km²
抚顺	工矿资源的生产基地	1934年规划与开辟建设新城区	规划人口50万；城市规划区域485km²；市区规划区域13.2km²	商业用地、居住用地、工业用地、临江用地、公园绿地	放射矩形与环状道路网系统，规划道路宽度分为11—36m共6等	大和公园、本町公园等，规划面积16.8km²

资料来源：根据李百浩《日本在中国的占领地的城市规划历史研究》博士论文内容整理。

二、沈阳的规划历程与内容

九一八事变之前，日本殖民势力为把奉天建设成殖民东北及占领东亚的中心城市，以"南满"铁路为依托对奉天"满铁"附属地进行殖民地规划建设，使得奉天成为当时东北的第一大城市。事变之后，日本全面占领东北地区，关东军司令部设于沈阳，并制定了分离东北，建立伪满洲国的殖民政策。因此将奉天设为伪满的"首都"，作为政治中心城市，对于在东北的日本人来说是理所当然的事情。但是日本政府最终决定将长春作为"首都"。[①]不过关东军依然将奉天作为经济城市及工商业大城市中心进行重点发展。这主要是因为：第一，奉天具有优越的自然地理位置，居于松辽平原的肥沃之地，地势平坦，其周围的矿产资源丰富，农产品充足；第二，交通便利，是东北地区的交通枢纽，"南满"铁路纵穿这里，是京奉铁路的终点、奉安及奉吉铁路的起点，也是哈大公路的重要站点，由海路可去日本；第三，原材料资源充足，接近产地，如鞍山、本溪以及抚顺等。日本殖民者在全面占领奉天后，能够不受拘束地实现其规划意图，因此之前多元化的城市空间格局被重新整合起来，同时建立了新的工业区。沈阳成为日本海外殖民的工业基地与战争基地。

（一）城市规划的行政机构与组织

九一八事变后，关东军强行将沈阳改为"奉天市"，1931年9月任命日军驻沈阳特务机关长土肥原贤二为伪市长，10月20日重新任命赵欣伯[②]为伪奉天

---

① 主要有以下几个方面的原因：一、旧有势力的关系问题，奉天从1625—1931年一直是东北地区的政治中心，几方势力的政治影响力不容忽视，长春在这方面不存在旧有政治势力的干扰；二、地理位置的优势问题，奉天在东北地区处于偏南的位置，交通上联系不便，不利于日本殖民统治，长春则处于中间位置；三、地价问题，一方面长春属于地方城市，地价相对便宜，有利于土地的征用，另一方面与已成规模的奉天相比，可以在此进行新的城市规划，通过"国都"的建设达到较好的政治宣传效果，实现日本殖民统治的目的。

② 赵欣伯：河北宛平人。1915年留学日本，1925年，获日本东京帝国大学法学博士学位，1926年归国后，被张作霖任命为东三省保安司令部法律顾问。九一八事变后，接替土肥原贤二，出任伪奉天市市长，后改任最高法院东北分院院长。1932年3月，任伪满洲国首任"立法院院长"。

市市长。市政公所管理区域为省会、商埠地、大东区等，设置伪市长一名，总揽全市行政事务，商埠局由伪奉天市政公所接办，其管辖权限，以地界划分，其局长由伪奉天市市长兼任，各课长由伪市政公所各处长兼任，奉天"满铁"附属地仍由"满铁"负责管理。

随着伪奉天市政公所事权扩大，1931年12月18日正式更名为"奉天市政公署"。次年3月，阎传绂[①]奉命继任伪奉天市市长。伪奉天市政公署内部进行了改组，下设总务、财务、行政、卫生、教育、电务、工务、秘书等八处，后机构重新调整，设参事官、首席秘书及总务、财务、行政、电工四科，其中电工科成为这一时期的城市建设管理机构（表6-2）。[②]

表6-2　　　　　　　　　伪奉天市政公署电工科掌管事务一览表[③]

机构名称		掌管事务
工程课	工程股	一、关于市内公共房屋的规划及营造修缮事项； 二、关于市内道路、桥梁、堤岸、沟渠、公园及市立市场、菜场、公共娱乐场、公共厕所与上下水道的设计建造修缮事项； 三、关于本署一切土木工程的设计、估价、呈报及投标鉴定事项； 四、关于本署已建各项工程的查看及修缮事项； 五、关于土木工程材料的调查、选择、采买、验收事项； 六、关于土木工程材料之收发保管事项； 七、关于工程应用之汽碾铁轨车道。
	考核股	一、关于本署各项土木工程的调查、监视及呈报验收等事项； 二、关于本署土木工程工料预决算之审核报销事项； 三、关于工程之稽查指挥事项。
计划课	事业股	一、关于电车之建设审核业务之管理改善及电车从业人员人事各事项； 二、关于市营公共汽车之经营管理事项； 三、关于公共交通事业之设计管理事项； 四、关于自来水事业及公共之设计经营管理取缔各事项； 五、关于煤气事业之设计经营及管理事项； 六、其他一切公用事业各事项。

---

① 阎传绂：字纫韬，号稻农，满族人，早年赴日留学，1920年考入东京帝国大学经济学部，归国后任"南满洲"铁道株式会社农务课员、大连市政会议员。九一八事变后，任伪奉天市政府咨议。1932年3月后，历任伪满洲国奉天市市长兼商埠局局长、滨江省省长兼"北满"特别区长官。1937年任伪满吉林省省长，1942年任伪满司法部大臣。

② 孙鸿金.近代沈阳城市发展研究（1898—1945）[M].长春：吉林大学出版社，2015:280.

③ 根据1933年7月号《奉天市政公报》之《奉天市政公署暂行章程（续）》整理。

（续表）

机构名称		掌管事务
计划课	绘建股	一、关于旧市区改正及新市区规划事项； 二、关于本市街巷马路便道广场各宽度之规定事项； 三、关于各种建筑图样及作法并材料之审核事项； 四、关于工程师建筑师之考验并发许可证事项； 五、关于工程营业厂及建筑师、工程师的营业登记及颁发许可证事项； 六、关于市民建筑工程的查勘、监视、指导及颁发许可证事项； 七、关于道路线幅之改正实施及房基线之计划、测量事项； 八、关于计划市埠、市县各道路联络事宜； 九、关于市区平面图、高程图的测量事项； 十、关于本署各建筑及其他各项图样之绘制事项； 十一、关于测绘仪器并各种图样之经理保管事项； 十二、其他一切建筑测绘事项。

　　1932年11月，关东军、"满铁"经济调查会及伪满洲国组成奉天市计划筹备委员会，委员会设在伪奉天市政公署内，负责全市的地形测量、公共交通与水道的主体建设、商业中心的建设以及工业区的设定等事务。关东军司令部决定城市规划要纲，关东军特务部主持城市规划。最初的城市规划方案，由特务部顾问京都帝国大学副教授武居高四郎制定，而提交到委员会审议的方案则由"满铁"经济调查会完成，之后由伪奉天市制定详细规划及建设规划。奉天这个时期的规划过程与伪满行政主体的演变过程基本一致。

　　1932年7月28日，大奉天都市计划委员会第一次协议会议在大和旅馆召开，"关东军特务部与伪满洲国方面协议，将奉天'满铁'附属地商埠地域内合而为一，建设大奉天都市"。委员会拟定之建设事项包括水道、瓦斯、电气、电车路、公众娱乐场、道路、文化住宅等，预计十年内建设完成。委员会初步拟定都市区域东至东大营，南至浑河，西至铁道西（包含附属地），北至北陵；同时决定成立都市建设委员会，具体负责都市计划的实施。[1]8月15日，

---

① "关于建设具体大纲，业经附设市政公署内之建设委员会作成，其内容如下：（一）地区制定之范围（住宅、商业区之建成）；（二）卫生设备之完成（下水道、防疫、电气、瓦斯）；（三）公园之设备；（四）交通机关之完备（外国电车之施设、市街交通之运转）；（五）郊外地之关联。"参见大奉天计划之具体大纲［N］.盛京时报，1932-8-11(4).

委员会在大和旅馆召开了第二次委员会协议会议[①]，10月，大奉天都市计划技术委员会正式聘定日本的相关人员担任理事、科长、技术委员等。委员会随后分别于11月和12月在伪奉天市政公署内召开了两次大奉天都市计划技术委员会会议，讨论了都市计划的相关内容。[②]

1933年3月，大奉天都市计划委员会正式着手制定奉天都市计划，经伪奉天市政公署聘任各方面专门技术人才，由警察协助奉天都市测量队开展测量工作。7月17日，历时六个多月完成的《大奉天都市计划大纲》在"新京"会议上通过。12月，伪奉天市政公署呈请伪民政部批准，又成立了奉天都市计划实行委员会，由时任伪奉天省省长臧式毅充任委员长，伪奉天市市长阎传绂为副委员长，奉天都市计划开始步入边规划边建设的轨道。[③]

（二）奉天城市规划委员会与《奉天都邑计划》

1934年4月，由关东军特务部、"满铁"经济调查会及伪满政府组成的奉天城市规划委员会召开会议，会议讨论决定了土地功能、道路交通、市政设施、铁西工业区建设、大奉天城市规划委员会章程等内容。7月，委员会确定奉天都市城市规划大纲并公布《奉天都邑计划》。1935年3月，由"满铁"与

---

① 会议研究拟定：（一）为使日"满"两国经济的文化的关系益趋紧密，并求共存荣之实计，将以从来之附属地、商埠地、城里等区划，由都市计划外观上抹消，使其三区得浑然融合，以建大奉天街市；（二）新都市区至少扩大为现在之三倍以上，由都心（都市之中心）开设放射型街路，但尊重既设道路及建筑物；（三）以人口一百万为目标，施设水道、下水、公园及其他卫生设备，并树立日用品、市场计划；（四）交通以路面电车及公共汽车为主，对于如马车、洋车等简易的交通机关，亦均注意以树交通计划；（五）为使奉天成为全"满"代表的产业都市，以交通运输之根干集置于商工业地带；（六）都市计划从局部进行工作，以五六年完成其大半，至所需经费，应其必要而支出。

② 11月第一次会议方案，"闻第一步，先着手全市下水道，城内水道工程，近将竣工，城外之水道工程，当于明春继续进行；第二步着手兴修市内未修之目录，或改修工程，以后即按预定计划进行，三大公园已勘定东陵、北陵、小河沿三处"等；12月第二次会议方案，初步拟定奉天大都市"预计占地面积东西宽四十里，南北长二十五里，预居住人口一百万"等。参见奉天计划技委会今日讨论各方案［N］.盛京时报，1932-11-2(4).奉天大都市规模人口一百万计委会今日开幕［N］.盛京时报，1932-12-16(4).

③ 孙鸿金.近代沈阳城市发展研究（1898—1945）［M］.长春：吉林大学出版社，2015:286.

伪奉天市政公署共同出资的"奉天工业土地股份有限公司"成立，该公司开始进行铁西工业区的有关土地、住宅、给排水等一切附属建设事业的规划建设。委员会后将该公司的业务移交给伪奉天市政公署。至此，奉天市的城市规划与建设由伪奉天市一手管辖。

九一八事变之前，奉系政府与日本殖民势力的权力对峙一定程度上促进了城市规划的发展，形成了二者之间竞相发展的局面。这种局面使得奉天城市建设发展极为迅速，至日本全面占领奉天前，城市由传统城区、商埠地、"满铁"附属地、新型工业区多个板块组成，但城区之间的整体性较弱，各区域独自发展，城市功能重叠，土地市场无序。将不同城区统一建设，采用规划手法进行城市结构与功能的调整势在必行；这个时期城市的建设项目及人口逐渐增加，需要扩大城市工业用地以及人口膨胀所需的生存空间；奉天作为当时日本人在东北地区的经济中心，而伪满"首都"没有选择奉天，这对于在奉天的日本人是很大的打击[①]，因此以工商业大城市为目标进行的奉天城市规划的制定具有重要的稳定作用。基于以上原因，加之日本要实现其政治意图及经济发展的目标，因此《奉天都邑计划》的制定与实施成为必然，这也是沈阳历史上第一个比较完整的城市总体规划。下面就其规划的内容进行具体的阐述与分析。

1.城市规模。《奉天都邑计划》属于20年远期城市规划。在人口规模上，1934年奉天市人口为484670，规划至1943年人口增长为100万，至1953年达到150万。人口增长率，1934—1943年为6%，1943—1948年为5%，1948—1953年为5%。在城市规划范围上，1933年7月以小西边门为中心的400km² 土地作为城市规划区域，城市范围由此扩大：东至东陵15.3km，西至李官堡12.7km，南至浑河北岸9.5km，北至北陵7.9km。平均扩展约6.5km，这与1980年沈阳市建

---

① 1932年3月，日本奉天商工会议所向关东军司令官提出如下请求："现在，在奉天居住的工商界人士都处于十分不安的状态之中，为了安抚民心，寄希望于将奉天作为工业城市进行发展。"同年8月，奉天商工会议所正式向日本政府、"满铁"及伪满洲国提出振兴奉天工业发展的方案。参见越泽明.伪满洲国首都规划［M］.欧硕，译.北京：社会科学文献出版社，2011:81.

城区范围基本一致。[①]其中规划外缘大约1—7km的环状地带作为绿地区保留；绿地区环绕的192km²的中间区域，作为市区的规划范围；将奉天市周围原属沈阳县（图6-3）的13个村共计270km²土地[②]并入奉天市（图6-4）。根据以上的人口规划及市区用地规划，计算出规划人口密度为7800人/km²，平均每人的市区用地面积为128m²。

2.用地分区。该规划按照用地功能，将土地分为居住用地、商业用地、工业用地、绿地及其他用地[③]，其中将奉天传统城区保留为内城区域。居住用地比例增加，除原有"满铁"居住用地，大东、奉海及西北工业区的居住用地外，在位于城市北部与

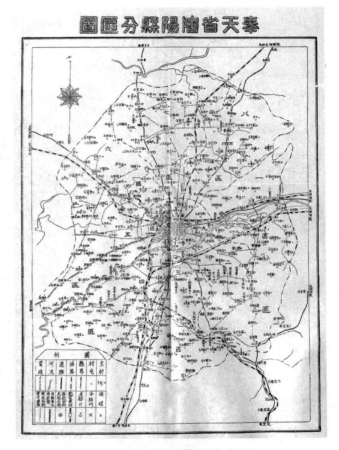

图6-3　东北沦陷时期沈阳县分区图

---

① 沈阳市城市建设管理局.沈阳城建志（1388—1990）[M].沈阳：沈阳出版社，1995:28.

② 具体为"第一区的同仁村以及第五区的笃信、永信两村，第九区的保安、镇安、永安、久安、治安、靖安、中安、兴安、德安、埠安、平安11个村"。

③ 在居住区内禁止建造中大型工厂或有环境污染的小型工厂、大规模的商店、事务所、娱乐场所等扰乱居住区安宁的建筑物；在商业区则不得建造大型工厂或有环境污染的中小型工厂、大型仓库等有损商业发展及行政办公的建筑物；在工业区以保证卫生、排除危险、便利公共事业为原则。

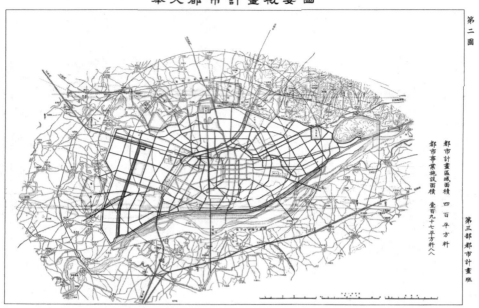

图6-4 东北沦陷时期奉天城市规划范围图

图6-5 奉天城市用地规划图

南部空白地带新增居住用地。将商埠地与"满铁"附属地合并规划为主要商业用地。工业用地分为东、西两个部分，在东部将原大东兵工工业区、航空处工厂、机场以及军需工厂等连接成为军事用地，西部则在形成的铁西工业区基础上向南延伸形成宽度约5km、长约15km的"工业走廊"，止于浑河航运码头。城市绿地则规划沿浑河、万泉河以及北部运河展开形成环城水系和绿地系统。（图6-5）城市整体用地布局以附属地和商埠地构成的商业用地为中心，大致呈"商业—居住—工业—绿地"的环状结构（表6-3）。

表6-3 奉天城市规划的用地分区及面积

	市区规划范围内		市区规划范围外		合计	
	面积（km^2）	%	面积（km^2）	%	面积（km^2）	%
居住用地	69.49	36.2	—	—	69.49	17.4
商业用地	27.07	14.1	—	—	27.07	6.8
工业用地	24.97	13.0	—	—	24.97	6.2
绿地	—	—	165.23	79.4	165.23	41.3
其他用地	70.47	36.7	42.77	20.6	113.24	28.3
合计	192	100.0	208	100.0	400	100.0

资料来源：根据李百浩《日本在中国的占领地的城市规划历史研究》博士论文内容整理。

按照设施的种类，委员会将土地分为道路与广场、学校、医院、铁路、其他公共用地等。其中确定铁路用地为11.71km^2，将奉天驿、京奉总站和皇姑屯站连接构成城市西部的铁路枢纽。东侧铁路用地沿奉海线向东延伸至东部规划工业区，形成长15km、宽3km的铁路地带。对公共用地，以小西边门广场作为新建公共建筑用地中心。学校用地安排在交通方便的适当位置，用地为1.73km^2。在市街计划区域内设26处市场，用地为0.4km^2。在原奉系东大营以东及塔湾高地上设置医院用地。对文体娱乐用地，除保留奉系时期商埠地南市与北市内旧有娱乐设施外，在沈海、皇姑、铁西附近新开辟娱乐场各一处，在小西边门广场附近设立市立图书馆，并在北陵西高地和砂山各设赛马场一处。（表6-4）

表6-4 奉天城市规划的设施用地种类及面积

	市区规划范围内		市区规划范围外		合计	
	面积（km²）	%	面积（km²）	%	面积（km²）	%
道路及广场用地	40.04	20.9	—	0.8	40.04	9.6
公园、运动场、绿地	41.48	21.6	1.79	0.8	43.27	10.4
墓地	1.55	0.8	9	4	10.55	21.5
学校用地	1.73	0.9	—	—	1.73	0.4
飞机场	7.36	3.8	—	—	7.36	1.8
铁路用地	9.74	5.1	19.73	8.7	29.47	7.1
堤防用地	0.83	0.4	—	—	0.83	0.2
水路	0.98	0.5	10.69	4.7	11.67	2.8
其他公共用地	6.69	3.5	19.32	8.6	26.01	6.2
民用地	81.60	42.5	165.23	73.2	246.83	59
合计	192	100.0	225.76	100.0	417.76	100.0

资料来源：根据李百浩《日本在中国的占领地的城市规划历史研究》博士论文内容整理。

3.交通规划。奉天的交通规划主要分为水运交通和陆地交通两个部分。"满铁"调查部曾进行辽宁水运交通规划的调查。在近代铁路出现之前，水运是东北地区最重要的交通运输方式，它促进了东北地区城市由农业中心向商贸中心的转变。奉天拥有优越的地理位置，辽河与浑河等均流经于此，加之其区域中心的影响力，使其曾在晚清时期发展为货物集散与中转的枢纽。因此日本殖民者通过奉天市内的人工运河将辽河、浑河等水系连接，构成抚顺、奉天、营口之间的航运系统，一方面可以缓解铁路运输的压力，形成有益的补充；另一方面可以加强奉天作为水运交通枢纽的经济中心功能，将大宗的散货如煤炭、石油等工业原料在抚顺、奉天和营口港之间进行低成本的运输，从而促进奉天商业的发展。基于这样的规划，日本方面在铁西工业区内开凿人工运河，运河北端与北部运河连接可通至浑河东段，南端直接连通浑河西段，从而构成"浑河—北部运河—人工运河—浑河"

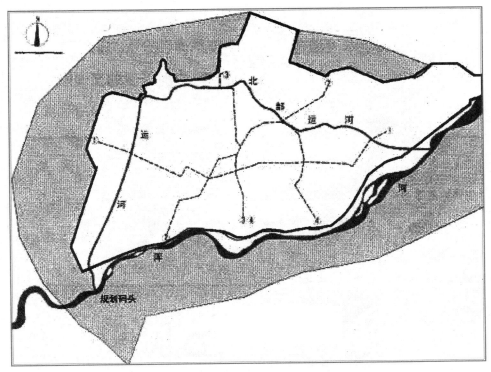

图6-6　奉天城市水运规划示意图

的市区水运路线（图6-6）。[1]

　　陆地交通包括地面道路网的规划与公共交通的规划。地面道路网的规划是对道路系统进行分级：以小西边门为中心，规划放射形干线即国道[2]；形成四个环状道路系统作为城市的主干道[3]；连接车站、货场等主要干线作为道路的联络干线。以上三种道路系统再加一些辅助道路，构成市区道路骨架，主干道与辅助干线一起构成道路网。道路宽度，最宽的80m，最窄的10m，40m以上的设绿化带并区分快慢车道。（图6-7，表6-5）

---

① 　王鹤.近代沈阳城市形态研究［D］.南京：东南大学，2012:207.

② 　经小东边门、东陵的抚顺国道，经沈海、北大营东侧的铁岭国道，经小北边门、北陵机场的法库国道，经皇姑屯、塔湾的新民国道，经奉天站、南五条、杨士屯的辽中国道及跨越浑河的辽阳国道。

③ 　一、绕城墙外侧四周为第一环状系统；二、南五条—万泉公园向南面西为第二环状系统；三、东北大学—沙河予为第三环状系统；四、北陵前—北陵为第四环状系统。

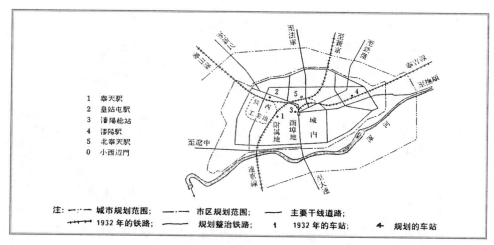

图6-7　奉天城市规划主要干线道路及铁路整治规划

表6-5　　　　　　　　　　奉天城市规划的道路宽度与长度

宽度（m）	总长（m）	宽度（m）	总长（m）	宽度（m）	总长（m）
80	33325	27	27700	13	2870
70	40410	22	275160	12	107575
40	40070	20	2780	10	1045480
38	1070	18	26140	合计	1963740
36	13820	17	218370		
30	125550	16	3420		

资料来源：作者整理。

　　奉天公共交通主要包括地下铁道的规划以及有轨电车的建设。1940年日本大阪电气化局根据当时城市规模以及总体发展规划编制了4条线路总长54.1km的奉天地铁线网规划与设计文件——《奉天地下铁道计划书》。这一文件的制定使得奉天成为当时国内仅次于伪满"首都"长春而进行地铁规划的城市。[1]而在当时，整个东亚也仅有日本大阪市与东京市有了地铁的建设。[2]当时奉天拥有

---

[1]　1939年，伪满洲国《大新京都市计划》规划建设里程120km的环城地铁，从而使长春成为中国第一个有地铁规划的城市。

[2]　1941年，日本大阪的梅田—天王寺以及东京的浅草—涩谷开通地铁。

70万人口，以人力、马力以及路面有轨电车交通工具为主，这个地铁计划的出台反映了日本殖民者要把奉天建设为东北地区经济及工商业城市中心，进而长期统治东北地区的野心。

按照日本殖民者的规划，奉天地铁一期计划为建设4条线路中的1号、2号、3号线，于1948年通车运营；奉天地铁二期计划则为建设1号线东延长线、2号线北延长线、3号线南北延长线以及4号线，于1953年通车。（图6-8）按照计划，地铁建成后，1号线由牛心街[①]至东陵，全长19.9km，由西向东将铁西工业区、"满铁"附属地、商埠地副界、传统城区及大东工业区这几片重要的城市区域联系起来，成为城市重要的交通轴线[②]，而这条路线的计划路线与现在沈阳已经开通的地铁1号线基本重合，只是当时各站点之间的距离仅为现在的1/3左右；2号线由"满铁"附属地南部经小西边门至大北边门，全长17.4km，由西南向东北将附属地、商埠地北正界、西北工业区以及奉海工业区联系起来；3号线由小西边门向北至昭陵，向南至南塔，全长10.5km，联系奉天中部、北

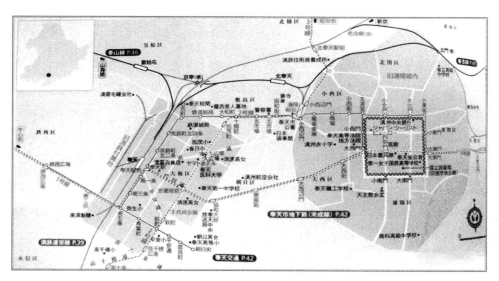

图6-8　奉天地铁计划路线图

① 牛心街：今沈阳铁西体育场。
② 奉天地铁1号线线路走向：建设大路、胜利大街、中华路、十一纬路、大西路、沈阳路、大东路、长安路。

部及南部规划区域；4号线则由北兴街至规划的东南住宅区域，全长6.3km，与3号线构成奉天的环形线路。这4条线路的修建有利于打通奉天各城区之间的交通联系。（表6-6）不过这个时期日本陷入战争泥潭，该计划并没有付诸实施，因此当局选用了更为实际有效的有轨电车与公共汽车作为交通工具。

表6-6 　　　　　　　　　　　　奉天地铁计划路线[①]

第一期　建设计划　1948		
1号线	牛心街—东塔	15.5km
2号线	南十条（"满铁"附属地南部）—小西边门	6.8km
3号线	昭安街—小西边门	3.0km
第二期　建设计划　1953		
1号线	东塔—东陵	4.4km
2号线	小西边门—大北边门	10.6km
3号线	赛马场前—昭安街 小西边门—南塔附近	7.5km
4号线	北兴街—东南住宅附近	6.3km

资料来源：根据由日本出版的奉天地铁详细规划图内容整理。

奉系时期有轨电车及公共汽车的建设运行缓解了交通带来的问题，奉天的工商企业以及城市人口出现了逐年增加的局面，城区面积也逐渐扩大，原来的线路已经无法满足城市交通的需要，因此日本殖民者在奉系建设的基础上重新扩建与延伸了相关的线路。1931年9月21日，"满洲"自动车运输株式会社取代中国民族资本经营的公共汽车企业，负责奉天公共交通，至1937年，奉天共有公共汽车线路15条，运营线路达133.721km；1937年6月24日，奉天交通株式会社成立，隶属大连都市交通株式会社，负责公共汽车与有轨电车的建设与运营，至1938年，奉天公共汽车线路共有17条，营业线路长度共194.1km；至1945年1月，奉天市共修建与延长6条有轨电车线路，营业线路长度共25.1km。这些线路不仅使得城市的整体性加强，方便了各地的交通联系，而且促进了奉天近代城市公共交通网络的发展。（图6-9，表6-7）

① 日本出版的奉天地铁详细规划图：http://yhb43.blog.163.com/blog/static/298101702011125111631334/。

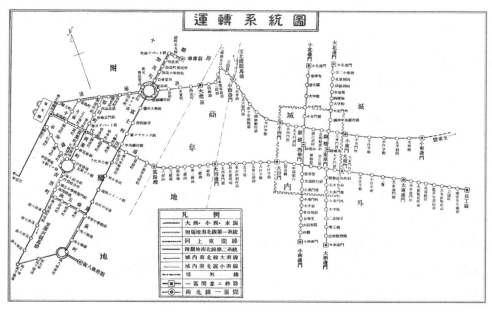

图6-9 奉天公共交通路线图

表6-7　　　　　　　　　　　1931—1945年奉天城市公共交通

开通时间	起止站点	交通工具	开通时间	起止站点	交通工具
1931—1937	奉天南站—兵工厂	汽车	1938	奉天站—兴顺街南十一路 和平大街—遂川街	汽车
	奉天南站—小东门			奉天站—大东边门	
	马路湾以西，南北线共4条 大南边门—大北边门 小西门—小北门			大东边门—航空工厂	
				奉天站—小东边门	
	青叶町—铁西			大北边门—大南边门	
	奉天南站—铁西			小北边门—小南边门	
	东陵—小东门			青叶町—铁西中央路	
	浑河—平安广场			奉天站—铁西中央路	
	北陵—小西边门			和平大街—铁道总局	
	抚顺东町—东站			遂川街—"满铁"	
	抚顺东町—大官桥			小西边门—北陵西门	
1938	南十条—遂川街			小西边门—北陵赛马场	
	奉天站—和平大街			奉天站—浑河	

（续表）

开通时间	起止站点	交通工具	开通时间	起止站点	交通工具
1939—1941	大东门—中兴街	汽车	1943	南一马路—中兴街	有轨电车
1942	太清宫—奉天站		1944	大东门—兵工厂	
1942	南一马路—兴顺街		1945	遂川街—新华广场	

资料来源：根据沈阳公交网近代沈阳城市公共交通内容整理。

4.公园绿地规划。《奉天都邑计划》中对公园绿地也制定了详细的规划。在20世纪20年代以后的日本城市规划中，最具体的规划技术就是绿地的建设，其典型例子就是20世纪30年代由东京绿地规划协会制定的东京绿地规划①。该规划的概念后被日本殖民者直接应用于伪满洲国的公园绿地规划之中。日本殖民者在奉天市区除保留"满铁"附属地时期规划的公园外，如春日公园、千代田公园等，还在原有公园的基础上新建葵町、若松、红梅等儿童游园11处，并且将规划区域内的小河、低洼湿地规划开辟为绿地游园，原有昭陵、福陵、万泉公园等也被纳入公园绿地系统，同时还计划建设长沼湖、砂山、碧塘以及百鸟等公园21处。市域范围内的绿地规划主要沿浑河、北部运河以及人工运河等水系两岸展开，规划的制定使得奉天具有相当高的绿化标准。这一时期日本殖民者在伪满的城市中都进行了大规模的公园绿地系统规划。

1934年伪满洲国民政部颁布《都邑规划标准》，提出了绿地设置方法与保障绿地施行的要求。②1940年伪满都邑规划司将其进行修订，并制定了《公园规划标准》③，伪满洲国的城市均需按照该标准进行建设。1942年伪政府颁

---

① 规划中包括40处大公园、591处小公园、3处游园地、37处景园地、116处公开绿地及26处共用绿地。规划协会同时在东京市域外围规划了环状绿地带，面积为136.23km²，宽幅1—2km，长度72km，呈楔状深入市区中心，以山林、原野、低湿地、滨水区、村落为主要组成部分，同时包含公园、运动场、农林试验场、游园地等设施。

② 绿地带应设于市区规划范围的外围，包括低洼地、洪水淹没地以及机场外周用地等，其面积应比市区规划范围小，且宽度不小于1km。

③ 即绿地分为公苑、墓苑、绿地带及相当于绿地带的保存地区。其中公苑又分为大公园（普通、运动、自然公园）、小公园（近邻、儿童、街区公园）、公园道路及特殊园地。

布《改正都邑规划法》，增加了关于"公园绿地的规定"①，从城市规划的制度上保证了公园绿地系统的规划与建设（表6-8）。

表6-8　　　　　　　　　　伪满主要城市的绿地规划指标

城市	规划人数（万人）A	市区规划范围（km²）B	绿地带（km²）C	公园绿地（km²）D	D/B（%）	D/A（%）	C/A（%）
奉天	150	192	165.23	41.49	22	28	110
大东港②	100	125.04	180.66	25.06	20	25	181
鞍山	50	116.61	363.23	23.13	20	46	726

资料来源：根据李百浩《日本在中国的占领地的城市规划历史研究》博士论文内容整理。

除了以上几个比较重要的规划外，还包括铁西工业区规划、运动场地、燃气规划、给排水规划及市政设施规划等内容，其中铁西规划是独立的、完整的区域性规划，加之铁西在这个时期拥有重要地位，因此将在下一节中具体阐述铁西工业区规划。

《奉天都邑计划》是沈阳城市规划发展进程中第一次完整的、全面的、具有现代意义的城市规划。从1934年公布，1938年修改再到1940年后由于战争而陷入停滞，这一段时期的规划受欧美近代城市规划理论的影响，确定了居住、商业、交通以及工业的主要城市功能，明确主要功能分区，同时规划注重与原有城市功能的结合；道路交通网基本形成，合理的城市功能与道路系统的规划使得原来多元行政主体形成的不同城区之间独立与分割的局面消失，城市空间得到了较好的整合；城市公共绿地增加，市政基础设施趋于完善；城市范围不断扩大，城市规划注重实际功能，城市未来发展的规模、结构以及空间形态基本确定，这些在客观上促进了沈阳近代城市的发展，奠定了现代沈阳城市发展的格局。

---

① 《改正都邑规划法》规定，"交通部大臣为管制土地的用途，需以都邑规划将城市规划范围内的土地区分为市区及绿地区两种"，这里的绿地区，实际上是市区规划范围以外的一般建筑禁止地区。

② 大东港是一个未完成的规划。当时曾拟在与朝鲜接壤的鸭绿江河口建设一个人口为100万的临海工业城市，这个城市即大东港。

（三）铁西工业区规划

铁西工业区是在综合确保日本缺乏的资源及发展日本工业的殖民主义政策的推动下逐渐形成的，是奉天城市规划的重点，是体现奉天作为工业中心城市经济建设纲要的重要项目。

1.铁西的概况。铁西区位于今沈阳市中心西南部，1906年日本"满铁"附属地规划中将东侧定为市街区，西侧定为工业地区，"铁西"之名由此而来。1931年之前这里还是一片耕地及分散的自然屯①。1932年奉天计划筹备委员会将东起"南满"铁路，西至大则官屯，南到浑河，北至皇姑屯②的土地定为西部工业区。1934年西部工业区正式划入奉天市市区，隶属伪奉天市政公署管辖。1937年9月1日，伪奉天市政公署公布：奉天市分为沈阳、大和、铁西、大东、东陵、沈海、浑河、永信、于洪、北陵以及皇姑11个行政区。（图6-10）铁西区管辖范围东起安福街，南至辽中路，西至寿同街③，北至奉山铁路。1938年1月1日，伪奉天市政公署公布条例，成立铁西区公署，这是铁西区建置的开始。④

日本全面占领奉天之后，并没有将其作为伪满洲国的"首都"，这对在奉天的日本商人产生了影响，日本商人希望将奉天作为工业城市进行发展。日本殖民者将发展工业作为主要的安定措施，以此为其侵略提供服务，铁西工业区因为具备优越的条件而成为日本重点规划与建设的区域。1931年之后，随着城市的建设以及人口的增加，在原有的城区内建设大量的工业用地及企业已经不太可能，因此只能选择扩展其他空白区域。而当时的铁西地势平坦、村落较少，并且其地下水资源也较为丰富，适用于一般食料及工业用水，可以为发展工业提供良好的地域条件及原料储备；同时铁西临近"南满"铁路与京奉铁路

---

① 揽军屯、大黄桂屯、小黄桂屯、大则官屯、小则官屯、陈三家子、王瓦房、雇瓦房、王孤家子、前胭粉屯、后胭粉屯、前路官屯、后路官屯、牛心屯、熊家岗子这些村屯属沈阳县第五区四保、五保管辖。

② 皇姑屯：今沈山铁路处。

③ 安福街即今第二纺织机械厂西墙外小马路，寿同街即今卫工明渠。

④ 沈阳市铁西区人民政府地方志办公室.铁西区志［M］.沈阳：［出版者不详］，1998:29.

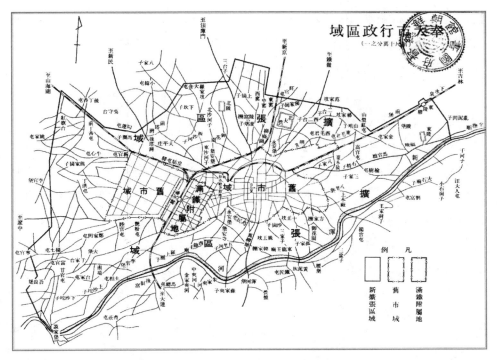

图6-10　1938年奉天市行政区划图

的奉天站、皇姑屯站以及大成站，铁路运输极为便利，可以将原材料与燃料快速地运往区内的各个工厂，提高生产效率。从1913年至1931年，日本在铁西陆续开设了制陶、窑业、木材等企业，建厂达到28个，投资超过百万日元的就有11个，为铁西区工业的发展奠定了基础。

伪满洲国建立之后，日本殖民者在东北地区进行了大规模的建设活动，带动了原材料工业、加工工业、化学工业等工业企业的发展，并且促使日本在奉天铁西地区投资建厂，以重工业为主的铁西工业体系逐渐形成。[①]至1944年，日资在铁西建厂323个，按行业分类，机电冶金工业140个，建材工业65个，化学（含橡胶、制药）工业46个，食品酿造工业32个，纺织工业19个，其他产业21个。按

---

① 该体系主要包括金属与机械制造加工工业、化学工业、食品及酿造业、纺织业、玻璃工业、电气工业、窑业等，如1938年4月成立的"满洲"金属株式会社，1938年3月至6月成立的"满洲"日立制作所、大信洋行奉天工场、"满洲"石棉工业所、"满洲"光学株式会社，1939年3月成立的日"满"亚麻纺织株式会社奉天纺织工场等。

投资规模划分，资本超过百万元的有85个，其中超千万元的有12个，超500万元的有8个，超300万元的有10个[①]，其规模与数量在中国近代城市中较为少见。在这个过程中，铁西区的城市规划与配套服务设施的建设都是为工业生产服务的。

2.规划实施的过程。1932年由日本关东军、"满铁"经济调查会以及伪奉天市政公署组成的奉天计划筹备委员会划定了西部工业区的范围，面积达13.68km²。1934年该委员会制定并公布了《奉天都邑计划》，铁西工业区的规划建设也被纳入其中，并且作为其中重要的组成部分。同年，委员会制定《西北工业区平面图》，其范围与之前基本一致。1935年3月奉天工业土地股份有限公司成立，该公司主要进行铁西工业区的规划与建设。从1935年至1937年，规划分两期进行。第一期建设面积约2.64km²，第二期建设面积约8.26km²。（图6-11）1937年11月伪奉天市政公署接管该公司并将其改称"奉天铁西工业土地管理处"。1938年3月，伪奉天市政公署撤销该处，将其经

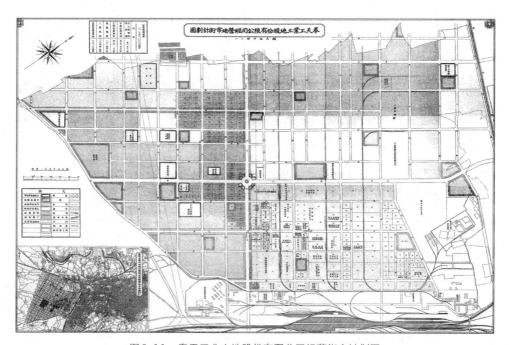

图6-11　奉天工业土地股份有限公司经营街市计划图

———————————
① 沈阳市铁西区人民政府地方志办公室.铁西区志［M］.沈阳：［出版者不详］，1998:1.

营事宜并入伪满都邑规划科，伪满都邑规划科对铁西工业区分三期进行建设。第一期建设面积约3.31km²，第二期建设面积约6.28km²，第三期建设面积约13.92km²，至此，从奉天工业土地股份有限公司到都邑规划科，对铁西工业区的总体规划面积达34.41km²。

　　3.规划内容。（1）功能分区。铁西工业区的规划采用了"南宅北厂"的功能布局模式，即以东西干道南五路①为界将该区域分为南北两个部分。南部为生活区，规划住宅、公园、运动场、学校及市场等地。其中日本在南五路东南地区应昌街与勋望街两处建设住宅，为日本人居住区域，这里的各种设施比较齐全，而西南地区则营建简陋房屋租给中国工人居住，体现了极为严重的民族歧视与殖民特点。北部全部为工厂区。南五路东北地区是1937年前日资建厂的集中区域，是食品酿造、金属加工、纺织等轻、重工业混合地区。西北地区则是1937年至1945年以日本国内大阪财团资本家为主进行重点建设与扩张的重化工地区，主要以金属加工、机械制造、化学工业等重化工厂为主。（图6-12）（2）道路规划。依据《奉天都邑计划》，奉天的道路系统主要分为三个层次。其中放射形

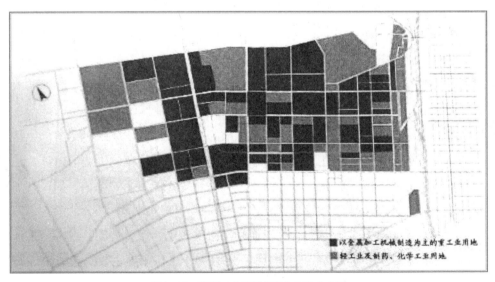

图6-12　铁西工业区近代工业用地分布图

----

①　南五路：今建设大路。

干线即国道，经过铁西工业区的有一条，即辽中国道；在四条环状干线中有两条环线经过铁西，其目的在于将该处与其他地区连接，但该规划并未付诸实施。市街道路采取方格网的道路系统，规划垂直于铁路的东西向道路24条，平行于铁路的南北向道路14条，街路宽度为18—27m。规划的道路比较通畅，土地利用率高，但是在实施中，部分街路被工厂区占用而未能贯通。工业区道路的宽度要比附属地内道路尺度大，主要是为了方便货物车辆的通行。南部是生活区，为满足土地建设的需要，在此增加了辅助街路，其宽度为8—12m。同时铁西工业区的道路规划中铺设了铁路支线。1933年6月委员会计划建设4条南北走向的铁路支线，后改为东西走向，通过铁路支线的建设形成了铁路与公路两种交通运输方式。两种方式的结合使得对外联系更加方便，有利于更高效地进行原材料与产品的运输，从而降低运输成本。（3）公园绿地规划。铁西工业区计划建设公园12处，苗圃2处，占地0.36km²，同时划出5块绿地，在南五路以南规划绿地带以此将工业区与生活区分隔，在生活区居民密集的道路两侧建设绿化带，在南五路与嘉应大街①交叉处设置圆形广场。然而由于工厂区的建设，最终只修建了4处公园，同时计划建设的绿化带也并未实现。

　　4.规划影响。铁西工业区的出现实际是日本殖民政策的产物，日本方面对该区的规划是为其殖民统治与经济掠夺服务的。铁西工业区的建设，为日本帝国主义侵略中国提供了充足的资源与材料，日本殖民者从中获取了巨大的财富。②规划也带来了种种问题：功能布局不合理，工业区设在北部，而沈阳秋冬季节的主导风为西北风，这样工业区排放的废气等污染物就会飘至南部生活区，严重危害市民的健康；工业区内并没有按照规划进行不同工业的选址及建设，各日资企业投资者更关注地理位置，从而导致各种工业的混杂，如粮食加工与化工混杂、电镀与食品混杂等，这些不仅对身体健康具有较大的危害，同时也为铁西区的改造带来困难；铁西工业区的用地比例严重失调，规划的工业用地占用地总面积的40.3%、商业用地占3.1%、居住用地占29.9%、公园绿

---

① 嘉应大街：今兴华大街。

② 如协和工业株式会社1941—1945年盈利331612万日元，日"满"钢材株式会社1940—1944年盈利277.27万日元，"满洲"金属工业株式会社1942年盈利68.19万日元等。

地道路占24.7%，而实际上住宅建筑以及公园绿地等建设都没有实施，这反映了日本殖民者掠夺中国、一切服务于工业生产的本性。但是铁西工业区的规划也有一定的借鉴之处：规划从经济效益出发，以少投入多产出为目的，降低生产成本；结合地理优势，突出铁路在工业区中的作用，形成铁路与公路相结合的路网，提高交通联系的便捷程度等。

第四节
与东北沦陷时期的东北重要城市的比较

一、伪国都"新京"的行政体制与城市规划

伪满洲国建立之后，日本选择了位于东北中部地区的长春作为伪满洲国的"首都"，并将之改名为"新京"，原因前面已经做过分析，在此不再赘述。在"新京"这个时期的城市规划发展过程中，其规划与沈阳的规划有一定相似性，主要表现为：行政主体一致，都经历了以关东军、"满铁"经济调查会以及伪满洲国为中心的过程；城市规划的范型均来自欧美国家及日本近代城市规划理论、思想等；城市规划建设基本在相同的规划法规指导下进行；预期规划的城市规模广阔，城市的容纳量较大；城市用地功能分区比较明确，结构布局合理；对区内土地的利用和经营，采用以出售土地为主、租用为辅的经营方式，从而获取城市建设的财源与最大利益；采用详细并且完整的公园绿地系统规划；规划都明确体现了日本帝国主义的殖民意图。不过由于沈阳与"新京"在地位上的差异，城市规划的发展也体现出一定不同。主要表现在以下几个方面：

（一）城市规划的过程

在伪满洲国初期，"新京"是最早被规划的城市。1932年3月，首先由

"满铁"经济调查会制定"新京"的城市规划，在佐藤俊久主查的负责下，由顾问折下吉延、城市规划组主任小味郑肇进行规划设计。4月，伪国务院的直属机构伪国都建设局，也开始了城市规划的调查与制定，在近藤安吉的负责下，由规划科长沟江五月进行规划设计。

随后，在关东军特务部的主持下，一共举行了四次由军部、伪满、"满铁"经济调查会、京都帝国大学教授武居高四郎、伪国都建设局等部门参加的联合协议会。最后，在1932年11月17日的第四次联合研究会上，当局比较研究了"满铁"与伪国都建设局所制定的两个规划方案后，由司令部决定城市规划概要（即总体规划），并决定由伪满洲国根据规划概要，制定详细建设规划负责城市建设。①

"新京"在当时是伪满洲国直辖的城市建设事业的特别市，而沈阳等其他城市则作为市辖事业由各市独自负责。因此伪满政府在成立之后即专门设置了伪国都建设局，并于1932年9月6日颁布了伪国都建设局的官制，该局直属伪国务总理管辖，由该局负责"新京"规划方案的制定与实施建设。②伪国都建设局作为伪满洲国的城市规划机构独立存在，虽然受到伪国务总理的管辖，但是就其职责来讲，它是独立性较强的地方城市规划机构，并且因其直属"中央"，也是地位较高的城市规划机构，直到1942年才被撤销。

（二）城市规划的内容

1.城市性质。"新京"不仅是一个重要城市，也是伪满洲国的"首都"，是伪满洲国的政治、经济、文化教育等中心，因此其城市规划不是单纯的一般城市总体规划，而是作为"首都"的城市规划。而对于沈阳，当局主要是按照经济与工商业中心大城市的城市性质进行规划。

2.城市规模。1932年规划当局将当时的"新京"人口定为174800，规划至

---

① 李百浩. 日本在中国的占领地的城市规划历史研究［D］. 上海：同济大学，1997:176.

② 内部设置局长、理事官、技正、事务官、属官与技正等官员与技术人员。具体设置总务与技术两处。其中技术处的具体职责为：一、关于管守官印及文书事项；二、关于人事事项；三、关于会计及庶务事项；四、关于都市计划事项；五、关于整地事项；六、不属他处主管的事项。

1937年为50万人。1940年10月进行人口调查时，已达534000人。1942年2月规划当局又将规划人口定为100万。

1932年12月，伪政府将城市规划范围定为100km²（即"国都"建设规划范围或特别市政范围），在这100km²的城市建设范围内，除去"满铁"附属地、"北满"铁路宽城子附属地、商埠地（外国人居住经商区）、伪特别市政公署管辖的旧城（中国人居住地）四个城区（21km²）的占地面积，实际的建设规划范围为79km²。100km²的城市建设范围之外是绿地带，南北占地约21km、东西占地约17km。第一个五年的近期建设范围为21.4km²。从以上的人口和建设用地规划可知，规划人口密度为5000人/km²，平均每人占规划建设用地200m²。

3.用地分区。伪政府规划设置了城市中心及若干个次城市中心：从顺天广场沿顺天大街至安民广场为政治、行政中心，大同广场周围为经济中心，盛京广场为市民中心，新设"新京"南站作为交通中心，由车站设若干主要干道联系以上各个中心，以后又将南岭作为文化教育中心。按照用地功能，伪政府将土地分为居住用地、商业用地、工业用地、混合用地、绿地及其他用地（表6-9）；按照设施的种类，将土地分为道路与广场用地，公园、运动场、绿地，墓地，飞机场与铁路用地，河川用地，其他公共用地及民用地等（表6-10）。[①]

表6-9　　　　　　　　　　　"新京"城市规划的用地分区及面积

	市区规划范围内		市区规划范围外		合计	
	面积（hm²）	%	面积（hm²）	%	面积（hm²）	%
居住用地	5200	32.5	—	—	5200	4.5
商业用地	650	4	—	—	650	0.6
工业用地	1140	7.1			1140	1
混合用地	910	5.7	—	—	910	0.8
绿地	1500	9.4	82200	83	83700	72.8
其他用地	6600	41.3	16800	17	23400	20.3
合计	16000	100	99000	100	115000	100

资料来源：根据李百浩《日本在中国的占领地的城市规划历史研究》博士论文内容整理。

---

① 李百浩.日本在中国的占领地的城市规划历史研究［D］.上海：同济大学,1997:177-179.

表6-10 　　　　　　　　"新京"城市规划的设施用地种类及面积

用地 ＼ 类别	市区规划范围内		市区规划范围外		合计	
	面积（hm²）	%	面积（hm²）	%	面积（hm²）	%
道路及广场用地	3700	23.1	600	0.6	4300	3.7
公园、运动场、绿地	2500	15.6	7650	7.7	10150	8.8
墓地	70	0.4	650	0.7	720	0.6
飞机场与铁路用地	1000	6.3	1000	1	2000	1.7
河川用地	1500	9.4	3000	3	4500	4
其他公共用地	2000	12.5	3700	3.7	5700	5
民用地	5230	32.7	82200	83.2	87430	76.2
合计	16000	100	98800	100	114800	100

资料来源：根据李百浩《日本在中国的占领地的城市规划历史研究》博士论文内容整理。

4.道路与广场。"新京"的道路网规划综合吸收了放射式、环状以及矩形等各种道路模式的长处，形成了集放射环状与矩形于一体的综合式道路网。与巴黎、大连一样，干线道路（最大宽度60m）采用多中心式放射环状布局，在各个主要交叉口设置大广场，在一定程度上起到了分散城市中心的功能。"新京"的道路规划，一方面利用广场与放射状道路追求城市的向心性和对景，另一方面又从交通组织着眼，以直线相交的交叉口为道路规划原则，尽量避免像"满铁"附属地内的城市那种锐角交叉的道路形式。

5.公园绿地。规划者将新市区用地内的小河流、低洼地全部规划为公园绿地。这样，穿过市区内的几条伊通河支流全部成为带状公园、人工湖，从而使"新京"的大部分公园成为具有水空间的亲水公园。此外，伊通河沿岸与环状道路也被规划为绿地带，使环状绿地带与插入市区内的楔桩绿地共同构成理想的公园绿地系统。这是当时日本内务省理想的公园绿地规划概念，首先在伪满洲国城市规划中得到具体应用。

（三）城市规划的实施情况

"新京"在1931年之前的城市规模不大，可开发用地较多。作为"首都"后，日本殖民者为体现其政治地位，经过三期的规划修订，加快了新城区的建设进程，先后完成了以大同广场①为中心的金融和商业中心区，由安民广场至顺天大街构成的伪满官衙中心区，以新发广场为中心的关东军行政办公区，以南岭为中心的文化、体育运动区，以南"新京"驿②为中心的交通中心区的建设，规划中的道路、广场以及公园基本建成，新城区呈现出重要建筑群分散配置、核心区与次中心区相结合的多中心组合的城市形态。（图6-13）

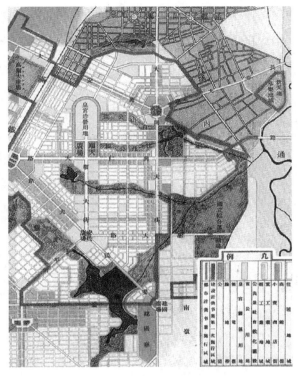

图6-13 "新京"政治区规划平面图

　　第一期规划以城市基础设施的建设为主要内容，伪政府将之作为"国家"的建设事业，相应地其规划技术人员也以土木工程专业的为主；第二期规划主要是充实第一期的建设规划并整治公园及文化等设施，所以其规划技术人员以造园学专业的为主，如折下吉延、佐藤昌等都是园林专家；1941年以后，为了控制民间建筑活动并推进居住区规划理论在实际中的应用等，其规划技术人员多以建筑学、法律学专业的为主。这种根据每一阶段城市规划的主要课题与内容采用相应的专业人员和规划建设技术，将城市规划的发展阶段与规划师的职能紧密结合的规划建设方式，对于今天的城市规划行政及建设事业的改革，具有很好的参考价值。反观沈阳，事变之前奉系政府与日本殖民势力竞相发展使得城市可建设用地减少，同时由于当局对沈阳工业城市

---

① 大同广场：今人民广场。

② 南"新京"驿：今长春西解放立交桥。

的定位以及日本殖民统治的本性，当局对沈阳城市规划与建设的重点主要放在铁西工业区以及"满铁"附属地内，最终造成了城市之间发展的不平衡。

二、牡丹江市行政体制与城市规划

牡丹江市位于东北北部地区松花江上最大支流之一的牡丹江上游，由于受到政治、经济等多方面因素的制约，牡丹江市在19世纪之前的城市发展十分缓慢。随着中东铁路与穆棱铁路[①]等近代铁路交通网的构建，东北地区形成了纵横交错的水陆交通运输体系，牡丹江市才开始了城市的近代化进程。九一八事变后，日本于1932年5月占领牡丹江市，为更好地在军事和经济上控制吉林以及黑龙江地区并取得与东北亚的联系，日本在原俄国殖民的基础上改建了滨绥铁路[②]并新修了图佳铁路[③]，牡丹江市在这两条铁路沿线上，在"北满"属于重要的新兴城市，因此日本也在此进行了重点建设。1937年1月，日本当局成立伪牡丹江省公署[④]，同年12月1日，正式成立伪牡丹江市公署，当时的伪牡丹江省共辖五县一市，"省会"设在牡丹江市。牡丹江市的行政体制与城市规划的发展与这个时期的沈阳相比同样具有不同特征，主要表现在以下几个方面：

（一）城市规划的过程

1934年12月，日本废止了以城市规划为中心实行殖民统治的关东军特务部，牡丹江市的行政主体改为"满铁"经济调查会，"满铁"与伪满政府的民政部都邑规划科共同主持制定城市规划。关东军司令部第三课于1935年3月10日命令"满铁"经济调查会城市规划班制定牡丹江市的城市规划。3月下旬，调查会与伪满民政部都邑规划科一起进行实地调查。5月23日，

---

① 穆棱铁路：于1923年由中俄工业大学（今哈工大前身）毕业生完成勘测设计，1924年3月开工，1925年8月通车，全长62.086km。

② 1935年3月，日本收买中东铁路后，于1936年6月17日将滨绥线宽轨改为准轨，轨距为1.435m。

③ 图佳铁路：于1933年6月动工，1937年7月通车，自图们站起，经牡丹江站，直通松花江下游的佳木斯站，全长580km，是连接吉林和黑龙江省东部的重要通道。

④ 伪牡丹江省公署：辖宁安、穆棱、东宁、密山、虎林五县。

关东军司令部决定将修改后的"满铁"规划方案作为参谋部第三课的《牡丹江市城市规划方案》。8月，在关东军的指示下，"满铁"将隶属铁路局的土地和城市规划工作移交给伪满。8月25日，伪民政部都邑规划科完成《牡丹江都邑规划方案》。10月，由伪满民政部召开协议会，通过《牡丹江都邑规划方案》。

需要说明的是，牡丹江市的城市规划协议会是伪满民政部首次取代特务部主持的会议，所以"满铁"特意于会前访问参谋部第三课，共同商议会议发言内容。可见，日本虽然废止了特务部，但城市规划的制定仍然控制在关东军手中，"满铁"经济调查会则充当军部的发言人角色。[①]

（二）城市规划的内容

1.城市性质。牡丹江市处于铁路交通线的交叉点，因此日本在进行规划时考虑的是其在军事中的作用，牡丹江市的城市性质被定为东北地区东部重要的军事及交通城市、工业与商业中心，同时还是农产品、木材及矿产资源的集散地。

2.城市规模。规划当局规划30年后即1965年的人口规模为103000（1937年人口已突破10万，所以日本殖民者为了加强牡丹江市作为"北满"东部中心城市的重要性，1938年修改规划，将1963年的人口规模定位为25万）。

在规划中，以图佳线上的牡丹江市新车站为中心，将半径4—6km的区域作为都邑规划范围，占地面积102km^2，外围是2—3km宽的绿地带；绿地带范围以内的22km^{2}的土地则为市区规划范围。

3.用地分区。在规划中，首先将"北满"铁路以南附属地作为旧市区，以北则为第一新市区，新车站以北为第二市区，第一市区与第二市区之间为铁路用地，其他用地则分为居住、商业、军事用地等。按照城市用地性质及基础设施种类，将土地分为道路、广场用地，公园、运动场、墓地，公共用地，民用地，水路及铁路等用地（表6-11）。[②]

① 李百浩.日本在中国的占领地的城市规划历史研究［D］.上海：同济大学，1997:192-193.

② 李百浩.日本在中国的占领地的城市规划历史研究［D］.上海：同济大学，1997:193.

表6-11　　　　　　　　　　市区规划范围内设施用地面积及比例

类别 / 用地	1935年规划			1938年修订		
	面积hm²	比例%	m²/人	面积hm²	比例%	m²/人
道路、广场用地	433	19	42	644	20	26
公园、运动场、墓地	471	21	46	605	19	24
公共用地	129	6	11	241	8	10
民用地	829	36	81	1100	35	44
水路	32	1	41	21	1	22
铁路用地	392	17	41	547	17	22
合计	2286	100	262	3158	100	148
规划人口	103000			250000		
规划年限	30			25		

资料来源：根据李百浩《日本在中国的占领地的城市规划历史研究》博士论文内容整理。

4.道路网规划。首先新建牡丹江市火车站，联络牡图[1]与滨绥铁路，并规划了西至哈尔滨、吉林，北至佳木斯、依兰，东北至穆棱等的公路；同时从方便交通和军事的防空要求出发，采用矩形加放射的环状式道路网形式。[2]（图6-14）

三、哈尔滨行政体制与城市规划

哈尔滨是沙俄在敷设东清铁路时建设的殖民地城市，是沙俄在铁路沿线所规划建设的城市中规模最大的一个，是沙俄殖民东北的中心地。所以，沙俄的目标是把哈尔滨建设成"东方的莫斯科"。1917年俄国爆发"十月革命"，俄国不得不逐步将中东铁路及其附属事业的行政权移交给当时的"东北王"张作霖，至1927年12月中国政府收回了诸如铁路守护、领事裁判、通讯、城市

---

① 牡图铁路：原称"图宁铁路"。建于1933年至1935年。线路自图们站向北引出，数跨嘎呀河，经汪清、老庙，前越吉林、黑龙江两省界山——老爷岭，至鹿道。过东京城后，在宁安前后两跨牡丹江至牡丹江市，为我国东北部边陲的南北交通要道。
② 李百浩.日本在中国的占领地的城市规划历史研究［D］.上海：同济大学，1997:193.

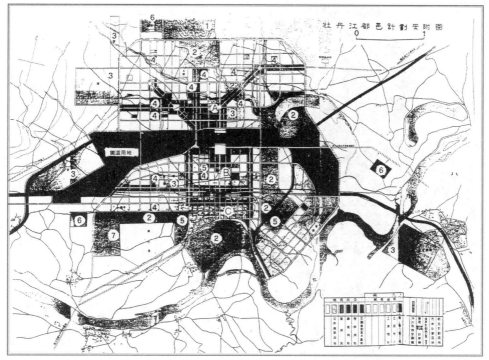

A 第二新市街 B 第一新市街 C 旧市街 1.北山公园 2.公园 3.军用地 4.学校 5.运动场 6.墓地 7.赛马场

图6-14　1934年牡丹江市城市规划图

行政（1921年2月收回）及教育等各种权利（第五章已有介绍）。九一八事变爆发后，"北满"的铁路及城市又落入日本殖民者手中。在这个时期的城市规划发展过程中，哈尔滨与沈阳、长春等其他伪满洲城市具有一定相似性，但由于它们在地位上的差异，城市规划的发展也体现出一定不同。主要表现在以下几个方面：

（一）城市规划的过程

首先，日本殖民当局于1933年7月在哈尔滨施行特别市制，统一以往复杂的政治机构。这样，哈尔滨特别市的管辖范围就包括了四市二省[①]，总面积

① 一、"北满"特别区哈尔滨市——"北满"特别区（即东三省特别区）市政局管辖的码头区（道里）与新市区（南岗）；二、"北满"特别区哈尔滨特别市——"北满"特别区市政局管辖的新安埠、香坊、顾乡屯、马家沟、八区等；三、吉林省滨江市——傅家甸（道外）；四、黑龙江省松浦市——松浦；五、吉林省滨江县与阿城县的31个屯；六、黑龙江省呼兰县的10个屯。

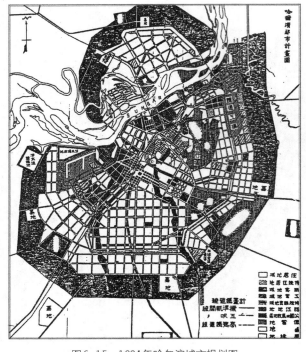

图6-15 1934年哈尔滨城市规划图

达929.5km²。一方面，在哈尔滨特别市成立之前的1934年4月，"满铁"经济调查会（佐藤俊久）就已开始制定城市规划，6月与特务部协调之后，决定了规划大纲，然后在此基础上继续进行规划工作；另一方面，日本殖民当局于7月成立特别市，调佐藤俊久任工务处长，从日本聘请沼田征矢雄、山崎桂一、佐藤昌代表伪市公署进行规划。由于"满铁"、伪市公署的方案都是在佐藤俊久的方案基础上制定的，因此两者几乎没有差别，很快得到特务部城市规划委员会的认可，最后委员会采纳了伪市公署的规划方案。（图6-15）

在哈尔滨的城市规划制定过程中，谁是建设主体与建设实施方法等问题成为特别市与"满铁"双方争论的焦点。1937年7月19日，特务部联合委员会通过了《大哈尔滨城市规划基础要项》和《大哈尔滨建设株式会社设立要纲案》。早在1934年4月26日，关东军司令部召开特务部的城市规划委员会，审议《大哈尔滨城市规划概要》，并于5月8日通过该规划。关东军司令部作为城市规划的审议、决定机关，像这样召开城市规划委员会，设立隶属军部的建设公司，过度地介入城市规划，在伪满洲的城市规划历史中，只有哈尔滨这一个城市。

（二）城市规划的内容

1.城市性质。1933年5月，关东军特务部制定《哈尔滨经济建设对策方针案》，在其中明确提出：哈尔滨是"北满"重镇，是日本经济的一大根据地，是进取西伯利亚的基地。由方针案可知，关东军要亲自操纵哈尔滨的城市规划。

2.城市规模。1933年年底哈尔滨城市人口为381060，当局规划1933年之后的城市人口为100万，平均年增长近2万人。实际上1940年的调查结果为646000人，已经超出预想的512000人（1957年达到155万人，含郊区人口）。

在规划中，将容纳100万人的区域作为市区规划范围，在此区域内规划新的城市中心。城市中心半径10km以内的区域为市区规划范围，占地面积约295km²；市区规划范围以外为宽2km、占地面积约112km²的环状绿地带；城市中心半径25km以内的区域为城市规划范围，占地面积约1840km²；将来还要规划多个卫星城。日本殖民者设定如此大的城市规划范围，主要基于以下思考：要包括被规划在近郊具有特殊性的市街及其设施等的用地；要包括被称为"大自然公园"的郊外公园用地；为了使城市与周围农村紧密地有机联系，要树立城乡一体的规划；要包括各种军用设施的用地。

1936年6月12日，《都邑规划法》公布之后，城市规划范围变为市区规划范围及其外围的绿地带，占地面积407km²，其半径25km以内的区域则变为区域规划范围。（图6-16）综合以上人口规划与市区用地规划，可知规划的人口密度为3400人/km²，平均每人市区用地面积为235m²（不含60m²/人的军事、铁路用地）。

3.用地分区。在1933年5月30日关东军特务部制定的《哈尔滨经济建设对策方针案》中，将城市规划用地分为商业用地、工业用地、居住用地与绿地区、特别地区、军用地区及移民地区，其中引人注目的是特别地区与移民地区的设置。特别地区设于松花江对岸，主要是由游廊、赌场、吸鸦片场和赛马场等构成的"欢乐街"。移民地区设于市区周围，控制在距市场周边15—25km的范围内，共设46处，每处容纳350户1750人的农业移民。

在1934年制定的《大哈尔滨城市规划概要》中，将城市规划用地分为居住、商业、工业、临江与绿地带等用地（表6-12）；在市区规划范围内，细分为公用及公共用地、工厂用地和普通民用地。

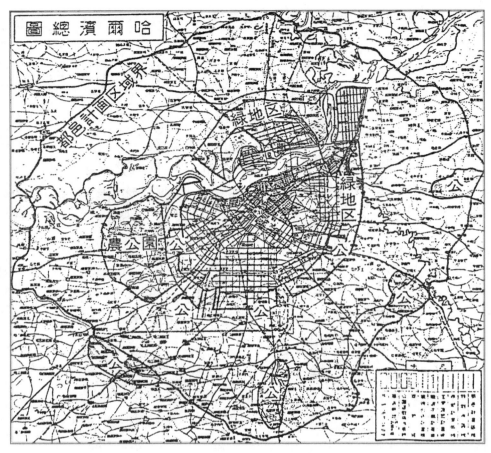

图6-16　1936年哈尔滨都邑规划范围图

表6-12　　　　　　　　　　　　　哈尔滨城市规划的用地分区

用地类别	市区规划范围内（km²）	市区规划范围外（km²）
居住用地	148.94	—
商业用地	24.96	—
工业用地	34.07	—
临江用地	4.01	—
绿地带	—	111.6
合计	211.98	111.6

资料来源：根据李百浩《日本在中国的占领地的城市规划历史研究》博士论文内容整理。

4.其他。当时哈尔滨的城市规划概要相当于今天的总体规划，其内容除包括城市性质、人口规模、规划范围、市区规划范围、用地分区外，还在顾乡屯以东设新的商业中心，在松花江上流设轻工业区，在阿什河合流处设重工业区，还建有道路广场、飞机场等内容。[①]

第五节
伪满洲国沈阳城市规划的特征分析

一、日本关东军与沈阳的城市规划

九一八事变后，日本全面占领东北地区，同时日本国内形成了以军部为中心的日本军国主义政府，军人势力逐渐崛起，日本关东军[②]取代"南满洲"铁道株式会社，开始了对东北的长期占领，形成了以关东军为主导的绝对殖民统治。关东军挟持溥仪成立伪满洲国傀儡政府，伪满的行政部门与产业部门均由关东军参谋部进行幕后控制。日本关东军以军国主义思想为指导重点强调城市的工矿业建设，沈阳拥有便利的铁路交通条件和优越的地理位置，因此日本关东军确立了将其发展为工业中心城市的建设目标。

由于关东军在本质上服务于日本殖民统治，因此关东军主导下的沈阳城市规划在制定和实施的过程中多为日本利益服务，体现的是日本殖民的特性。比如

[①]　李百浩. 日本在中国的占领地的城市规划历史研究［D］. 上海：同济大学，1997:186-188.

[②]　关东军：近代日本驻扎在中国东北的一支部队。根据《朴次茅斯和约》，俄国将"关东州"（中国辽南旅大地区）的租借权和"南满"铁路转让给日本。日本为维护其殖民利益，派遣两个师4万人的兵团进驻"关东州"及"南满"铁路附属地，并设立关东总督府。1919年日本改关东总督府为关东厅，以原陆军部为基础，另组成关东军司令部，实行"军政分治"：关东厅为司法、行政最高机关，关东军司令部则为最高军事机关。1945年8月，关东军被苏联军队消灭。

日本殖民空间的拓展与完善主要集中于以附属地为核心的西部区域，布局合理的居住社区为日本人提供了舒适的物质空间，铁西工业区的建设为日本殖民者提供了丰富的资源，以奉天驿、京奉总站以及皇姑屯构成的铁路枢纽为日本殖民者对外交通联系提供了便捷的保障，公园绿地、运动场以及市政实施的完善保证了良好的城市环境。反观东部区域，这里主要是中国人居住的地区，虽然关东军在此进行了统一的规划，但是实施与建设几乎处于停滞状态，从而造成了城区之间发展的不平衡，这种状态对沈阳的城市发展也起到了一定的阻碍作用。

二、欧美各国与日本近代城市规划的影响

从东北沦陷时期沈阳的城市规划过程及内容进行分析，可以看出沈阳这一时期的规划主要受欧美各国与日本近代城市规划的影响。

工业革命促进了欧美各国近代城市规划的产生发展。随着1933年雅典会议的召开，会议确立了欧美各国近代城市规划的地位及主导性，并使得该理论在世界范围内得到迅速传播与应用。日本经过明治维新与大正民主之后，资本主义空前发展，工业化与城市化进程加快。1919年日本颁布《城市规划法》和《市街地建筑物法》，标志日本近代城市规划理论的形成和规划立法体系的建立。随后受欧美城市影响，欧美各国城市规划的理论、思想、制度等也都被引入日本[1]，促使日本近代城市规划在理论上进入成熟期。但是九一八事变后，日本国内形成了以军国主义为中心的国家政权，日本当局将统治重心转移到扩大对外侵略上，使得国内的城市规划与建设活动减少。于是日本将占领的东北地区作为其进行近代城市规划理论与技术实验的场所。

在伪满洲国的沈阳城市规划中，在城市规划理论方面，主要运用欧美各国的近代城市规划理论。如一切从功能出发的功能主义规划，《奉天都邑计划》中合理地确定了居住、交通、工业、商业与游憩的城市功能，注重实际功

---

① 如1900年英国的居住及城市规划法，1900年德国的一般建筑法，1909年洛杉矶的分区制度，1898年霍华德的田园城市规划理论，1917年戈涅的工业城市规划理论，1920年恩温的卫星城规划理论，1922年佩里的邻里单位居住区规划理论以及20世纪20年代末以柯布西耶为主的国际现代建筑协会制定的城市规划理论。

能，强调工商业运行要与原有城市保持协调；在规划中并没有大规模地增加市区用地，而是以不同规模的功能用地整合原有城市。重视产业开发的工业城市规划理论，主要体现在铁西工业区的规划中，在规划中采用北厂南宅的布局形式，呈现出明确的城市结构，用绿地带将工业区与生活区进行分隔，在城市的空间组织中，注重各类设施本身与外界的相互关系。绿地规划理论以1930年的东京绿地规划为范例，对沈阳的公园绿地进行了详细规划，采用了较高的标准，改善城市景观环境。在城市规划法规的制定方面，日本殖民者主要以上面提过的1919年日本颁布的两部法规为原型，在其基础上根据东北的实际情况于1936年6月制定了将建筑与城市一体化的基本法规即《都邑规划法》；随后又公布了《修正都邑规划法》，该法规涉及城市总体规划、土地经营以及建筑形态控制等内容，是对日本规划法规的完善。

三、邻里单位的居住社区规划

邻里单位理论由美国人科拉伦斯·佩里于1929年提出。该理论通常指由城市主要交通道路所围绕的社区，标准为一个小学校，人口为1万，占地面积为$1km^2$。它是为适应城市因交通发展带来的规划结构变化而提出的一种新的居住区规划理论[①]，该理论改变了过去住宅区结构从属于道路而被划分为方格状的状态。九一八事变后日本全面占领沈阳，加快了将其建为经济工商业城市中心的步伐，在沈阳的日本人口迅速增加，住宅需求也急剧增长。这个时期，在关东军授意下制定的经济政策以及在短时期内在此建立近代工业的要求，成为沈阳实行"多、快、好、省"的现代建筑理论的背景。

20世纪30年代以后，日本按照邻里单位理论，在沈阳附属地南部开始进行居住社区规划，其范围西至胜利大街，东至商埠地振兴街与砂阳路，南至浑河的人工堤坝，北临今中山公园，占地面积$4km^2$。该居住区以主要交通干路为边界，日常生活必需的商业服务设施沿边界道路进行布置；区内核心建

---

① 其要点如下：根据学校确定邻里的规模，过境交通大道布置在四周形成边界，邻里公共空间、邻里中央位置布置公共设施，交通枢纽地带集中布置邻里商业服务，是不与外部衔接的内部道路系统。

筑是小学校，即平安小学校①，另外还有高千穗小学校②、朝日女子学校③、弥生小学校、第二中学等；社区内道路宽度不超过8m，并在南八马路与今南京街的交汇点设置半径约85m的圆形高千穗广场④作为社区中心，在广场周围配置邮局、商店等公共建筑以及约0.06km²的中心绿地；街心与道路两旁也设置足够的绿地；在社区北部设奉天国际运动场⑤，在东南边界处设传染病院等大型公共设施；社区内住宅采用"城市公共住宅的标准化"模式，分为特甲、甲、乙、丙、丁五种，其中前三种为独立式高级住宅，后两种为四户双联住宅，区内建筑密度较低。（图6-17）据1933年《奉天满铁代用社宅配置图》

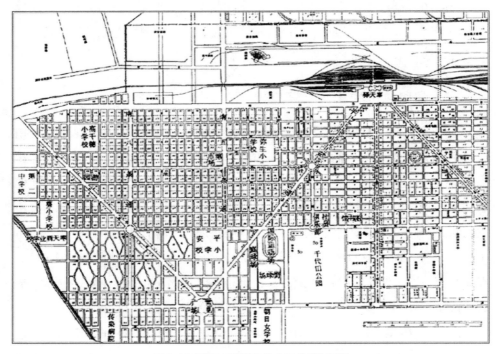

图6-17 奉天"满铁"社宅区规划平面图

---

① 平安小学校：今铁路中学。

② 高千穗小学校：今101中学。

③ 朝日女子学校：今省机关位置。

④ 高千穗广场：今新华广场。

⑤ 奉天国际运动场：今沈阳市体育场。

可知，在约0.24 km²的居住用地中，有甲种住宅4栋、乙种30栋、丙种50栋、丁种59栋，还有社员俱乐部1栋、公共浴池3栋，建筑密度为0.09%，容积率为0.13。[①]（图6-18）

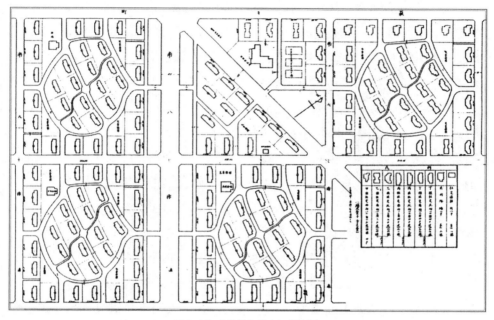

图6-18　"满铁"住宅区规划图

　　这种社区的规划方式形成了良好的居住景观，但规划主要为日本人服务，体现了日本殖民者假借西方规划思想建造理想殖民地的想法，反映了其殖民地规划的本性。但是日本殖民者采用这种方式，并没有为盲目追求经济效益而随意进行开发建设，而是在统一规划下结合沈阳的地域特点，由此形成了独特的建筑风貌和居住环境，成为东北近代优秀建筑的重要组成部分，其住宅的设计手法对近代沈阳的住宅建设产生了较为深远的影响，从客观上来讲，具有一定的现实参考意义。

---

① 　包慕萍，沈欣荣. 30年代沈阳"满铁"社宅的现代规划［J］//汪坦，张复合. 第五次中国近代建筑史研究讨论会. 北京：中国建筑工业出版社. 1998:115.

小　结

　　九一八事变之前的沈阳，在中央集权、殖民势力、地方自治三者的权力角逐中，形成了不同的行政主体与多元化的政治、经济统治及管理体制，从而促成了"满铁"附属地、商埠地、旧城以及新型工业园区城市空间格局的产生，这个时期沈阳的城市规划主要是局部地区的规划与建设。九一八事变之后，日本关东军成为控制东北地区的绝对力量，关东军可以不受拘束地制定与实现自己的规划意图，其主导下的沈阳近代城市规划是沈阳地区进行的第一次全面总体规划，是具有近代意义的城市规划，一方面使得之前多元化的城市空间格局被重新整合起来，并确定了未来沈阳城市发展的规模、结构以及空间形态，另一方面进行的大规模工业区建设，使沈阳具有了重要的工业基地。这些对沈阳的城市发展与建设起到了重要的作用，客观上推动了沈阳的近代化进程，加强了其作为东北地区中心城市的功能地位。但是这些规划本质上是为日本殖民统治服务的，因此始终摆脱不了殖民地城市规划的本质。

　　从城市规划学的角度来看，日本殖民者在沈阳乃至伪满其他城市所制定的城市规划，大多结合了实际情况，进行了充分的资料收集、地形勘查、设计方案讨论以及分层次论证审批之后才最终确定，并且在规划过程中明确了城市功能分区，进行了合理的城市结构与道路网布局，重视城市的园林绿化、城市与铁路的联系以及城市基础设施的建设。这些工作经验在今天的城市规划中也是可以吸取的。尽管日本殖民者制定的规划中有些由于战争或者资金等原因并未实现，但是对于今天的沈阳城市建设同样起到了重要的参考作用，如沈阳地铁的规划，参考了当时的奉天地铁线网规划与设计文件，2010年9月开通的地铁1号线与计划1942年开工的贯穿沈阳东西重要区域的地铁1号线基本重合。由此可以看出，伪满洲国的沈阳近代城市规划对于沈阳的现代城市规划发展是有一定借鉴作用的。

第 七 章

结　语

第一节

总　结

一、近代之前，中国城市的发展以军事行政为主要功能，政治管理与军事控制是各个政权建设城市的两个最主要职能。1840年以来，随着西方资本主义势力的冲击，中国的封闭状态被打破，城市的发展由以行政、军事力量为主转为以经济因素为主。这种变化使得原有城市发生了不同内容和形式的发展。中国近代的城市规划发展按主体变化一般分为两类：一类是在发展中城市行政主体一直比较稳定的；另一类在近代化过程中受到帝国主义的侵略和本国资本主义发展的影响，城市行政主体因此发生更迭，城市功能等发生突变，由此引起城市空间格局的变迁。

沈阳的近代城市规划发展就属于后者。在其从传统城市至近代城市发展的过程中，历经沙俄东省铁路公司（1898—1905）、晚清政府盛京将军和奉天行省公署（1903—1911）、"南满洲"铁道株式会社（1905—1937）、北洋政府奉系（1912—1931）、伪满洲国（1932—1945）以及国民政府（1946—1948）等行政主体的更替，其间各主体势力范围重叠或并立，并逐渐形成了单一→多元→单一的城市行政主体的特征。各行政主体分别通过不同的行政命令和手段左右城市规划建设，制定城市规划制度，从而使得沈阳近代城市规划的过程与内容体现了不同的政治行政统治特征，在近代时期形成了多样化的城市风貌与空间格局，走出了一条独具特色的近代城市规划发展道路。

19世纪90年代的沈阳经过俄国铁路附属地的建设之后，形成了以铁路为轴、俄国殖民势力与晚清政府对峙下的铁路附属地与传统城镇共同发展的城市格局，拉开了沈阳近代城市规划的序幕。20世纪前十年的沈阳在经过日俄战争、晚清新政以及辛亥革命之后，城市的统治机构向近代化转变，逐渐形成了殖民统治、中央集权与地方自治的政治格局，并出现了由"满铁"附属地、商埠地以及传统城镇共同构成的近代城市空间。20世纪20年代的沈阳在奉系政府与日本殖民势力权力对峙、竞相发展的局面之下，前者主导下的近代城市规划遏制了殖民侵略，打破了传统城市的发展模式，形成了近代城市规划发展中的沈阳模式，后者主导下按照政治、经济殖民意图进行的规划，则在客观上起到了示范与启蒙的作用，二者的竞争促使了城市的分化与新功能的出现。20世纪30年代的沈阳在日本关东军的绝对殖民统治与控制下，进行了第一次具有近代意义的、全面的总体城市规划，虽然其实质依然是具有殖民地性质的城市规划，并造成了城市发展的不平衡，但在客观上推动了沈阳的近代化进程，加强了其作为东北地区中心城市的功能地位，对今天的规划具有一定的借鉴作用。之后到1948年沈阳解放，其间行政主体对于城市的规划仅限于法规的制定颁布，没有建设活动。

二、从中国近代城市规划的实践中可以看出，城市规划发展一方面受到内部的影响，即中国政府规划活动的影响，另一方面受到外部的影响，即外国殖民者规划活动的影响；其类型主要包括中国传统城市规划的延续、殖民主义的城市规划、西方古典主义城市规划、马路主义城市规划、民族主义城市规划以及欧美各国与日本的近代城市规划。

从1905年开始的"满铁"主导下的沈阳附属地城市规划建设既有模仿西方古典主义的特征，强调城市的交通系统和空间结构利于铁路与城市之间货流的便捷转换，突出殖民经济的掠夺及城市美学的理念，同时强调由广场与城市轴线构成的权力空间，突出殖民统治的政治意图及浓重的殖民色彩；又有欧美近代功能主义规划的特征，注重功能合理分区，重视城市道路、市政工程、公园绿地等公用设施建设。同时由于规划建设的根本目的是为殖民统治服务，因此也是殖民主义的城市规划。

20世纪20年代奉系政府主导下的沈阳传统城区的更新改造以及新市区的开发建设根据不同地区的建筑及地形情况因地制宜，改造传统街道，在新区建造马路。其规划的手法是具有近代城市规划意义的马路主义城市规划的建设实践，奠定了沈阳近代城市道路交通的基本格局。同时奉系政府在独立主持建设的过程中，建立了具有现代意义的市政机构，在道路布局及用地分区等方面采用先进的思想及规划技术，其自主的城市管理与规划建设促进了沈阳城市的发展与经济的繁荣，有效地遏制了日本"满铁"附属地的殖民扩张，形成了与日本殖民势力的有力竞争，体现了民族主义的城市规划。

而在东北沦陷时期的沈阳近代城市规划中，各项城市规划法规的制定、修改与实施运用，均受到欧美各国与日本近代城市规划的影响，如吸收西方先进的规划设计理念，在现代科学和工业技术发展基础上确定城市主要功能，整合多元拼贴的城市空间，重视产业开发的铁西工业区规划；改变过去住宅区结构从属道路被划分为方格状而采用的新居住区规划；改善城市景观的详细绿地公园规划等。由于伪满规划建设的根本目的与"满铁"附属地的目的一致，即都为殖民统治服务，因此也是殖民主义的城市规划。

第二节
展　望

本书基于行政主体的视野对沈阳近代城市规划的发展演变进行了梳理、考察与分析，但由于沈阳近代城市规划的发展与各种社会发展因素紧密相连，同时在研究过程中，沈阳近代地方政府的建设档案不全，其多数集中于政治关系等方面，限于本人目前的能力、时间以及文章的篇幅，难免有不完善或者可以延伸与细化的研究课题。作为后续研究，主要包括以下几个方面：

一、采用整体与比较研究的方法，将沈阳古代、近代以及现代进行整体与比较研究。一方面整体研究有助于理解沈阳城市规划的变迁规律，为今后城市规划的发展提供理论基础，另一方面城市规划发展在不同的过程中会呈现许多相似的历史场景和发展需求，体现连续性与非连续性的统一，比较研究可以把握其规划发展的本质，为合理地优化与重构城市功能及空间格局，发挥今天的沈阳在东北地区区域发展的辐射与中心作用提供新的思路。

二、作为中国近代城市规划史学的深度研究，进行如重要人物史、制度史等方面的专项研究。本书由于重点论述沈阳执政主体与行政管理机构的变迁以及城市规划与建设的发展演变，因而并没有对上述所说的内容进行专题研究，如沈阳近代行政领导人徐世昌、赵尔巽、张作霖、王永江、李德斯等，或如技术精英徐箴、杜重远、韩麟春、赵厚达等，他们对城市规划发展的导向做出了很多历史性的决定，对他们展开深入研究，不仅有助于更好地把握沈阳近代城市规划的全貌，同时可以联系今天的行政领导对于国家上层建筑的影响。

三、从城市形态学及空间转化研究角度来说，研究沈阳从古代到近代和现代的城市空间形态及转化的过程及缘由，以深化城市规划的作用机制及城市形式转化动因，可为城市文化规划理论的建立提供依据。

四、从城市历史文化遗产保护研究方面来说，解明历史的真实性，将重大历史事件与城市特定空间一一对应，如将日俄战争、皇姑屯事件、东北易帜、九一八事变、伪满洲国建立等历史大事与近代城市空间及建筑形成联系，有利于开展历史地段保护规划研究，提升城市文化魅力，为城市文化遗产保护提供有力支持。

五、从城市可持续发展的研究角度来说，城市规划是一种技术手段，其根本落脚点是为社会服务。沈阳城市规划应上升到一种"人性"境界，如钱学森的山水城市、吴良镛的人居城市理论等。通过对沈阳城市规划发展的研究，在现代城市理论和建设实践发展的基础上，以民族文化为内涵，以科学技术为手段，以特定的城市地理环境为条件，创造人与自然、人与人和谐发展，具有地方特色和中国风格以及最佳人居环境的中国艺术城市空间。

参考文献

一、档案文献

［1］奉天交涉总局档案,1898［A］.辽宁省档案馆.

［2］奉天开埠局档案,1906［A］.辽宁省档案馆.

［3］奉天省长公署档案,1906［A］.辽宁省档案馆.

［4］南满洲铁道株式会社总体部、地方部、调查部档案(日),1906［A］.
辽宁省档案馆.

［5］军督部堂档案,1907［A］.辽宁省档案馆.

［6］奉天全省警察报告书,1920［A］.辽宁省图书馆.

［7］奉天省城商埠局第一次报告书:上、下编,1920［A］.辽宁省图书馆.

［8］奉天市政公所章则汇编,1923［A］.辽宁省图书馆.

［9］奉天市政公所筹备处公函,1923［A］.沈阳市档案馆.

［10］奉天市政公所本公所办事细则,1924［A］.沈阳市档案馆.

［11］东北政务委员会全宗,1929［A］.辽宁省档案馆.

［12］奉天市政公所关于商埠地交与本处建筑各事由,1929［A］.沈阳市
档案馆.

二、报纸文献

［13］东三省公报,1905［N］.辽宁省档案馆.

［14］盛京时报,1906—1944［N］.辽宁省图书馆.

三、地方志文献

［15］李辅.全辽志［M］.上海:上海书店出版社,1994.

［16］赵恭寅,曾有翼.沈阳县志［Z］.台北:成文出版社影印本,1974.

［17］阿桂等.盛京通志［Z］.沈阳:辽海出版社,1997.

［18］金毓黻.奉天通志［Z］.影印本.沈阳:辽海出版社,2002.

［19］辽宁省地方志编纂委员会办公室.辽宁省志·建设志［M］.沈阳:辽
宁人民出版社,2003.

［20］张修桂,赖青寿.辽史地理志汇释［M］.合肥:安徽教育出版社,2001.

［21］辽宁省地方志办公室.辽宁省地方志资料丛刊［M］.沈阳:沈阳出版社,1986.

［22］沈阳城市规划志编辑办公室.沈阳城市规划志［M］.沈阳:沈阳出版社,1989.

［23］沈阳市城市建设管理局.沈阳城建志(1388—1990)［M］.沈阳:沈阳出版社,1995.

［24］沈阳市人民政府地方志办公室.沈阳市志:卷二　城市建设［M］.沈阳:沈阳出版社,1998.

［25］沈阳市铁西区人民政府地方志办公室.铁西区志［M］.沈阳:［出版者不详］,1998.

［26］沈阳市和平区人民政府地方志编纂办公室.和平区志［M］.沈阳:沈阳出版社,1989.

［27］沈阳市沈河区政府地方志办公室.沈河区志［M］.沈阳:［出版者不详］,1989.

［28］沈阳市大东区人民政府地方志编纂办公室.大东区志(1896—1995)［M］.沈阳:辽宁民族出版社,1999.

［29］沈阳铁路局志编纂委员会.沈阳铁路局志(1891—1995)［M］.北京:中国铁道出版社,1997.

［30］辽宁省地方志编纂委员会办公室.辽宁省志·公路水运志［M］.沈阳:辽宁人民出版社,1999.

四、著作图书文献

［31］韩大成.明代城市研究［M］.北京:中国人民大学出版社,1991.

［32］于能模.中外条约汇编［M］.北京:商务印书馆,1935.

［33］徐世昌.东三省政略:1—12［M］.台北:文海出版社,1965.

［34］古德诺.政治与行政［M］.王元,杨百朋,译.北京:华夏出版社,1987.

［35］张博泉,苏金源,董玉瑛.东北历代疆域史［M］.长春:吉林人民出版

社,1981.

［36］上海商务印书馆编译所.大清新法令(1901—1911)［M］.上海:商务
印书馆,2010.

［37］刘谦.明辽东镇长城及防御考［M］.北京:文物出版社,1989.

［38］李景鹏.权力政治学［M］.北京:北京大学出版社,2008.

［39］钟翀.旧城胜景:日绘近代中国都市鸟瞰地图［M］.上海:上海书画出
版社,2011.

［40］刘锦藻.清朝续文献通考［M］.杭州:浙江古籍出版社,2000.

［41］曾维涛,许才明.行政管理学［M］.北京:北京交通大学出版社,2009.

［42］谭其骧.中国历史地图集释文汇编·东北卷［M］.北京:中央民族学
院出版社,1988.

［43］贾敬颜.东北古代民族古代地理丛考［M］.北京:中国社会科学出版
社,1993.

［44］任达.新政革命与日本:中国,1898—1912［M］.李仲贤,译.南京:江
苏人民出版社,2006.

［45］刘瑞霖.东三省交涉辑要［M］.台北:文海出版社,1967.

［46］戴逸.简明清史［M］.北京:中国人民大学出版社,2006.

［47］孟森.满洲开国史讲义［M］.上海:中华书局,2006.

［48］路康乐.满与汉:清末民初的族群关系与政治权力(1861—1928)［M］.
王琴,刘润堂,译.北京:中国人民大学出版社,2010.

［49］薛龙.张作霖和王永江:北洋军阀时代的奉天政府［M］.徐有威,杨军,
等译.北京:中央编译出版社,2012.

［50］齐锡生.中国的军阀政治(1916—1928)［M］.北京:中国人民大学出
版社,2010.

［51］马大正.中国边疆经略史［M］.郑州:中州古籍出版社,2000.

［52］杨帆.城市规划政治学［M］.南京:东南大学出版社,2008.

［53］庄林德,张京祥.中国城市发展与建设史［M］.南京:东南大学出版社,
2002.

［54］丁海斌,时义.清代陪都盛京研究［M］.北京:中国社会科学出版社,
2007.

［55］刘小萌.满族从部落到国家的发展［M］.北京:中国社会科学出版社,
2007.

［56］孙静."满洲"民族共同体形成历程［M］.沈阳:辽宁民族出版社,
2008.

［57］顾奎相.东北古代民族研究论纲［M］.北京:中国社会科学出版社,
2007.

［58］杜格尔德·克里斯蒂.奉天三十年(1883—1913)——杜格尔德·克里
斯蒂的经历与回忆［M］.张士尊,信丹娜,译.武汉:湖北人民出版社,
2007.

［59］史正宪.行政学概论［M］.兰州:兰州大学出版社,2008.

［60］东北沦陷十四年史总编室,日本殖民地文化研究会.伪满洲国的真
相——中日学者共同研究［M］.北京:社会科学文献出版社,2010.

［61］越泽明.伪满洲国首都规划［M］.欧硕,译.北京:社会科学文献出版社,
2011.

［62］佟冬.中国东北史［M］.长春:吉林文史出版社,1998.

［63］成一农.古代城市形态研究方法新探［M］.北京:社会科学文献出版
社,2009.

［64］沈阳市文史研究馆.沈阳历史大事本末:上、下卷［M］.沈阳:辽宁人
民出版社,2002.

［65］杨余练.清代东北史［M］.沈阳:辽宁教育出版社,1991.

［66］衣保中,陈玉峰,李帆.清代满洲土地制度研究［M］.长春:吉林文史
出版社,1992.

［67］张志强,杨学义.近代辽宁城市史［M］.长春:吉林文史出版社,2002.

［68］孔经纬.清代东北地区经济史［M］.哈尔滨:黑龙江人民出版社,
1990.

［69］白洪希.清入关前都城研究［M］.沈阳:辽宁大学出版社,2007.

［70］苏崇民.满铁史［M］.北京:中华书局,1990.

［71］辽宁省档案馆.奉系军阀档案史料汇编［M］.南京:江苏古籍出版社;
香港:香港地平线出版社,1990.

［72］鲍里斯·罗曼诺夫.俄国在满洲(1892—1906)［M］.陶文钊,李金秋,
姚宝珠,译.北京:商务印书馆,1980.

［73］王贵忠.张学良与东北铁路建设——二十世纪初叶东北铁路建设实
录［M］.香港:香港同泽出版社,1996.

［74］白文刚.应变与困境:清末新政时期的意识形态控制［M］.北京:中国
传媒大学出版社,2008.

［75］何一民.近代中国城市发展与社会变迁(1840～1949年)［M］.北京:
科学出版社,2004.

［76］邰艳丽.东北地区城市空间形态研究［M］.北京:中国建筑工业出版
社,2006.

［77］辽宁省档案局(馆).奉天纪事［M］.沈阳:辽宁人民出版社,2009.

［78］曲晓范.近代东北城市的历史变迁［M］.长春:东北师范大学出版社,
2001.

［79］沈阳市政协学习宣传文史委员会.历史文化名城沈阳［M］.沈阳:沈
阳出版社,2006.

［80］韩晓时.古城印记［M］.沈阳:沈阳出版社,2008.

［81］姜念思.沈阳史话［M］.沈阳:沈阳出版社,2008.

［82］张志强.沈阳城市史［M］.沈阳:东北财经大学出版社,1993.

［83］秦风.1904—1948:岁月东北［M］.桂林:广西师范大学出版社,2007.

［84］程维荣.近代东北铁路附属地［M］.上海:上海社会科学院出版社,
2008.

［85］李治亭.东北通史［M］.郑州:中州古籍出版社,2003.

［86］汤士安.东北城市规划史［M］.沈阳:辽宁大学出版社,1995.

［87］吴晓松.近代东北城市建设史［M］.广州:中山大学出版社,1999.

［88］许芳.沈阳旧影［M］.北京:人民美术出版社,2000.

［89］"满铁"资料编辑出版委员会.中国馆藏满铁资料联合目录［M］.上海:东方出版中心,2007.

［90］胡玉海,董说平.近代东北铁路与对外关系［M］.沈阳:辽宁大学出版社,2007.

［91］旅顺博物馆."满铁"旧影——旅顺博物馆藏"满铁"老照片［M］.北京:中国人民大学出版社,2007.

［92］"满史"会.满洲开发四十年史:上、下卷［M］.东北沦陷十四年史辽宁编写组,译.北京:新华出版社,1988.

［93］杨家安,莫畏.伪满时期长春城市规划与建筑研究［M］.长春:东北师范大学出版社,2008.

［94］贾鸥.珍藏沈阳［M］.沈阳:沈阳出版社,2002.

［95］张伟,胡玉海.沈阳三百年史［M］.沈阳:辽宁大学出版社,2004.

［96］林源.沈阳经济发展简史［M］.大连:东北财经大学出版社,1988.

［97］孙邦.伪满文化［M］.长春:吉林人民出版社,1993.

［98］王长富.东北近代林业经济史［M］.北京:中国林业出版社,1991.

［99］辽宁省档案馆.中国档案精粹——辽宁卷［M］.香港:香港零至壹出版有限公司,1998.

［100］加文·麦柯马克.张作霖在东北［M］.毕万闻,译.长春:吉林文史出版社,1988.

［101］李晨生.辽宁档案通览［M］.北京:档案出版社,1988.

［102］金士宣,徐文述.中国铁路发展史(1876—1949)［M］.北京:中国铁道出版社,1986.

［103］于春英,衣保中.近代东北农业历史的变迁［M］.长春:吉林大学出版社,2009.

［104］关捷.日本侵华政策与机构［M］.北京:社会科学文献出版社,2006.

［105］张福全.辽宁近代经济史(1840—1949)［M］.北京:中国财政经济出版社,1989.

［106］乌廷玉.东北土地关系史研究［M］.长春:吉林文史出版社,1990.

［107］姚永超.国家、企业、商人与东北港口空间的构建研究（1861～1931）［M］.北京:中国海关出版社,2010.

［108］陈崇桥,耿丽华.张作霖真传［M］.沈阳:辽宁古籍出版社,1996.

［109］张志强.盛京古城风貌［M］.沈阳:沈阳出版社,2004.

［110］齐守成,齐心.盛京老街巷［M］.沈阳:沈阳出版社,2004.

［111］辽宁省档案馆.满铁调查报告:第3辑［M］.桂林:广西师范大学出版社,2008.

［112］解学诗,张克良.鞍钢史(1909～1948年)［M］.北京:冶金工业出版社,1984.

［113］焦润明.近代东北社会诸问题研究［M］.北京:中国社会科学出版社,2004.

［114］陈伯超,张复合,村松伸,西泽泰彦.中国近代建筑总览·沈阳篇［M］.北京:中国建筑工业出版社,1995.

［115］何一民.中国城市史［M］.武汉:武汉大学出版社,2012.

五、学术论文

［116］孙娇.民国初年中央和地方关系研究［D］.西安:西北大学,2006.

［117］王鹤.近代沈阳城市形态研究［D］.南京:东南大学,2012.

［118］房忠婧.满铁与东北殖民地化研究［D］.大连:大连理工大学,2006.

［119］刘泉.近代东北城市规划之空间形态研究——以沈阳、长春、哈尔滨、大连为例［D］.大连:大连理工大学,2008.

［120］李百浩.日本在中国的占领地的城市规划历史研究［D］.上海:同济大学,1997.

［121］刘娜.张学良时期东北地方政府与中央政府关系研究［D］.沈阳:辽宁大学,2007.

［122］白俊.清末民初新学在沈阳的兴起与发展［D］.长春:吉林大学,2008.

［123］关学智.对沈阳建城始源的新思考［D］.长春:吉林大学,2008.

［124］刘亦师.近代长春城市发展历史研究［D］.北京:清华大学,2006.

［125］田亮.清入关前沈阳城的建设与管理研究［D］.长春:吉林大学,
2008.

［126］王凤杰.王永江与奉天省早期现代化研究(1916—1926)［D］.长春:
东北师范大学,2009.

［127］王晓琦.东北四大中心城市空间结构比较研究［D］.长春:东北师范
大学,2007.

［128］张莉莉.近代中国东北地区与日本贸易研究(1871—1931)［D］.长春:
东北师范大学,2005.

［129］田禹.1945年以前大连社会变迁对城市空间结构演变的影响［D］.
长春:东北师范大学,2008.

［130］李曼.现代城市文化的比较研究——以大连和沈阳为例［D］.长春:
辽宁师范大学,2006.

［131］董伟.大连城市规划史研究［D］.大连:大连理工大学,2001.

［132］邢蕙兰.近代大连城市文化研究(1898—1945)［D］.长春:东北师范
大学,2009.

［133］张祥洲.哈尔滨城市空间演化研究［D］.长春:东北师范大学,2002.

［134］尹英杰.略论近代日本对中国东北地区铁路投资及影响(1905—
1931)［D］.长春:东北师范大学,2005.

［135］范立君.近代东北移民与社会变迁(1860—1931)［D］.杭州:浙江大学,
2005.

［136］石璐.沈阳方城历史街区保护与更新研究［D］.上海:同济大学,
2007.

［137］李皓.盛京将军赵尔巽与日俄战争后的奉天政局［D］.长春:东北师
范大学,2009.

［138］刘亚军.从沈阳铁西区工业发展的历史看老工业基础改造与振
兴［D］.长春:东北师范大学,2009.

［139］许明.近代营口港的开埠及历史变迁研究［D］.大连:大连理工大学,

2008.

[140] 倪览墅.沈阳近代建设管理机构研究［D］.沈阳:沈阳建筑大学,
2011.

[141] 李响.近代西方人在中国东北考察活动研究(1861—1904)［D］.长春:
东北师范大学,2008.

[142] 赵学梅.清末民初东北城市发展研究［D］.哈尔滨:黑龙江省社会科
学院,2008.

[143] 孙淼.沈阳工业区位变迁与城市工业结构的优化［D］.长春:东北师
范大学,2002.

[144] 程琳.近代齐齐哈尔城市的历史变迁(1897—1949)——以"城市衰
落"为研究视角［D］.长春:东北师范大学,2009.

[145] 张佳余.近代东北开埠问题研究［D］.北京:首都师范大学,2008.

[146] 费驰.清代东北商埠与社会变迁研究［D］.长春:东北师范大学,
2007.

[147] 郭艳波.清末东北新政研究［D］.长春:吉林大学,2007.

[148] 吴欣哲.日本殖民主义下的满洲国法制［D］.台北:台湾政治大学,
2004.

[149] 陈丰祥.近代日本大陆政策之研究——以满洲为中心［D］.台北:台
湾师范大学,1988.

[150] 黄清琦.旅大租借地之研究(1898—1945)［D］.台北:台湾政治大学,
2003.

[151] 陈宝莲.1927—1931年日本"满洲政策"之探讨［D］.台北:台湾
中国文化学院日本研究所,1979.

[152] 谢松桦.从大连的殖民城市历史到近代的产业开发过程［D］.台北:
台湾铭传大学,2007.

[153] 张景森.台湾现代城市规划:一个政治经济史的考察(1895—
1988)［D］.台北:台湾大学,1991.

[154] 杨莉莉.张学良与日本在东北地区的扩张(1928—1931)［D］.台北:

台湾中国文化大学,1998.

[155] 刘熙明.大连港贸易与南满之产业发展(1907—1931)[D].台北:台湾大学,1988.

[156] 秦爽.伪满洲国殖民地工业体系形成研究[D].沈阳:辽宁大学,2010.

[157] 张微.伪满洲国政权与日本的关系[D].长春:东北师范大学,2009.

[158] 李慧娟.从总务厅的设置看伪满洲国的傀儡性质[D].长春:吉林大学,2004.

六、学术期刊

[159] 杨晓春.元代沈阳路的机构设置及其变迁[J].中国历史地理论丛,2008(1):74-80.

[160] 刘奔腾,王鹤.对近代沈阳商埠地城市遗产价值的再认识——基于《魁北克宣言》的思考[J].建筑与文化,2012(3):96-97.

[161] 马学广,王爱民,闫小培.权力视角下的城市空间资源配置研究[J].规划师,2008(1):77-82.

[162] 王纯,林坚.从政治地理结构变化看边疆城市空间发展方向选——以哈尔滨为例[J].人文地理,2005(1):113-116.

[163] 谭玉秀.清末民初奉天东部地区城市化启动因素探析[J].吉林师范大学学报,2003(2):55-59.

[164] 黄亚平,陈静远.近现代城市规划中的社会思想研究[J].城市规划学刊,2005(5):19-23.

[165] 梁江,刘泉,孙晖.伪满时期长春城市规划形态探源[J].城市规划学刊,2006(04):93-98.

[166] 王国义,李琳.清代沈阳城市格局的特色研究[J].沈阳建筑大学学报(社科版),2007(1):1-4.

[167] 曲晓范,周春英.近代辽河航运业的衰落与沿岸早期城镇带的变迁[J].东北师范大学学报,1999(04):14-21.

［168］赵欣.近代沈阳城市建设的历史变迁［J］.东北史地,2012(1):83-
　　　89.

［169］毛兵,薛晓雯.空间的生命对白——沈阳故宫与昭陵分析［J］.建筑
　　　师,2008(6):125-126.

［170］刘思铎,陈伯超.沈阳近现代建筑的地域性特征［J］.城市建筑,
　　　2005(11):26-28.

［171］王鹤,董卫.中日对峙背景下的自主城市建设——近代沈阳商埠地研
　　　究［J］.现代城市研究,2010(6):62-68.

［172］包慕萍,沈欣荣.30年代沈阳"满铁"社宅的现代规划［J］//汪坦,
　　　张复合.第五次中国近代建筑史研究讨论会.北京:中国建筑工业出
　　　版社,1998:114-122.

［173］刘忠刚,李晓宇,吴琼.多元管理权下的近代沈阳城市格局发展研
　　　究［J］.中国名城,2010(12):25-31.

［174］王凤杰,刘丹.1920年代沈阳城市建设发展述论［J］.社会科学辑刊,
　　　2010(03):206-211.

［175］孙晖,梁江.近代殖民商业中心区的城市形态［J］.城市规划学刊,
　　　2006(6):42-46.

［176］吴晓松.东北移民垦殖与近代城市发展［J］.城市规划汇刊,
　　　1995(02):46-53.

［177］衣保中,吴祖鲲.论东北农业近代化［J］.社会科学战线,
　　　1997(01):233-239.

［178］葛玉红.东北近代工业的形成和发展［J］.辽宁大学学报,
　　　1999(01):47-51.

［179］李淑云.铁路交通与东北近现代经济发展［J］.辽宁师范大学学报(社
　　　科版),1999(04):84-88.

［180］周春英.试论近代关内移民对东北经济发展的影响［J］.济南大学
　　　学报,2001(02):67-71.

［181］何一民,易善连.近代东北城市殖民地化的进程及特点［J］.社会科

学辑刊, 2003(01):135-140.

[182] 侯文强.张作霖、张学良与东北铁路建设［J］.南京政治学院学报, 2003(03):85-87.

[183] 冷红, 袁青.近现代东北城市规划理念及现实启示［J］.时代建筑, 2007(06):14-21.

[184] 王茂生, 谷云黎.外国势力入侵前清代沈阳城市空间的历史演化［J］.古建园林技术, 2010(01):52-56.

[185] 王鹤, 董卫.女真文化对沈阳城市形态的影响［J］.建筑与文化, 2010(01):01-02.

[186] 鲍明.沈阳城市文化的结构与特色分析［J］.沈阳师范大学学报(社会科学版), 2007(04):83-86.

[187] 王强, 曹传明, 徐岩, 李睿.关于沈阳城市文化的定位分析［J］.沈阳工程学院学报(社会科学版), 2006(4):448-450.

[188] 腾国尧.沈阳解放前的城市规划及其发展［J］.城市规划研究与实践, 1993:342-354.

[189] 郭洪茂."九一八"事变中的满铁［J］.社会科学战线, 2005(5):154-160.

[190] 曲晓范.满铁附属地与近代东北城市空间及社会结构的演变［J］.社会科学战线, 2003(01):155-161.

[191] 曲晓范, 李保安.清末民初东北城市近代化运动与区域城市变迁［J］.东北师范大学学报, 2001(04):43-49.

七、外文文献

[192] TURLEY A C. Urban culture: exploring cities and cultures［M］. UK. Prentice Hall, 2004.

[193] ZHANG Y. Shanghai Modern: the flowering of a new urban culture in China, 1930—1945［M］. Harvard University Press, 1999.

[194] SULESKI R. Regional development in Manchuria［J］. Modern China, 1978.

[195] SULESKI R. Civil government in warlord tradition modernization of Manchuria

[J] . The Chinese University of Hong Kong, 1996.

[196] SULESKI R. The modernization of Manchuria bibliography [M] . The Chinese University of Hong Kong, 1994.

[197] PETROV Y A. Commerce in Russian urban culture, 1861—1914 [M] . The Johns Hopkins University Press, 2002.

[198] TUCKER D V. Building "our Manchukuo" : Japanese city planning, architecture, and nation−building in occupied Northeast China, 1931—1945 [D] . Hierophant: Vlastos, Stephen, advisor. The University of Iowa,1999.

[199] TREIBER J K. Mapping Manchuria: The Japanese production of knowledge in Manchuria−Manchukuo to 1945 [D] . Hierophant: Minichiello, Sharon A. advisor. University of Hawaii at Manoa, 2004.

[200] PARK H S. Presbyterian missionaries in Southern Manchuria, 1867— 1931: religion, society, and politics [D] . Hierophant: Wickeri, Philip L, advisor. Graduate Theological Union, 2008.

[201] MATSUSAKA Y T. Japanese imperialism and the South Manchuria railway company, 1904—1914 [D] . Hierophant: Craig, Albert M, advisor. Harvard University, 1993.

[202] NAKAI Y. Politics of state building and economic development in Manchuria, 1931—1936 (China) [D] . Hierophant: Oksenberg, Michel, advisor. Campbell, John Creighton, advisor. University of Michigan, 2000.

[203] YOUNG L C. Mobilizing for empire: Japan and Manchukuo, 1931—1945 [D] . Hierophant: Gluck, Carol, advisor. Columbia University, 1993.

[204] PERRINS R J. "Great connections" : The creation of a city, Dalian, 1905—1931. China and Japan on the Liaodong peninsula [D] . Hierophant: Lary, Diana, advisor. York University, 1998.

[205] SEWELL W S. Japanese imperialism and civic construction in Manchuria: Changchun, 1905—1945 [D] . Hierophant: Wray, William, advisor. The University of British Columbia, 2000.

［206］HIRANO K. The Japanese in Manchuria 1906—1931: A study of the historical background of Manchukuo［D］. Harvard University, 1983.

［207］都市史图集编委会.都市史图集［M］.东京:彰国社,1999.

［208］佐田弘治郎.南满铁路记略［M］.大连:"南满洲"铁道株式会社,1927.

［209］矢野仁一.满洲近代史［M］.东京:东京弘文堂,1941.

［210］丰田要三.满洲帝国概览［M］."满洲"事情案内所,1936.

［211］"南满洲"铁道株式会社社长室调查课.满蒙全书［M］.大连:大连市"满蒙"文化协会,1923.

［212］"满洲"事情案内所.满洲国各县事情［M］.出版者不详,1939.

［213］守田利远.满洲地志［M］.东京:丸善株式会社,1909.

［214］"南满洲"铁道株式会社.满洲铁道建设志［M］.奉天:"南满洲"铁道株式会社,1925.

［215］"南满洲"铁道株式会社总裁室弘报课.南满洲铁道株式会社三十年略史［M］.大连:"南满洲"铁道株式会社,1937.

［216］浅田乔二.日本殖民地研究史论［M］.东京:未来社,1990.

［217］西泽泰彦.图说:满铁——"满洲"的巨人［M］.东京:河出书房新社,2000.

［218］东京都都市计画局总务部相谈情报课.东京の都市计画百年［M］.东京:木村图艺社,1989.

［219］驹井德三.满洲国の建设をこ［M］.东京:中央公论社,1933.

［220］建筑学会"新京"支部编.满洲建筑概说［M］.长春:日"满"实业协会,1935.

参考文献共计220篇,其中档案文献12篇,报纸文献2篇,地方志文献16篇,著作图书85篇,学位论文43篇,学术期刊33篇,外文文献29篇。

附　录

第一章

[1] 图1-1 西汉时期侯城城境示意图（中国测绘新闻网）

[2] 图1-2 辽代沈州城境图（中国测绘新闻网）

[3] 图1-3 元代沈阳路城境图（中国测绘新闻网）

[4] 图1-4 明代沈阳中卫城图（《满洲实录》）

[5] 图1-5 清代沈阳城境图（中国第一历史档案馆）

[6] 图1-6 盛京城阙图（中国第一历史档案馆）

[7] 图1-7 沈阳故宫鸟瞰图（www.quanjing.com）

[8] 图1-8 清代沈阳陪都时期城市格局（根据资料改绘）

第二章

[9] 图2-1 沈阳近代行政主体范围演变图（自绘）

[10] 图2-2 中东铁路线路图（根据资料改绘）

[11] 图2-3 以沈阳为中心的铁路建设（近代东北铁路附属地）

第三章

[12] 图3-1 赵尔巽（百度百科）

[13] 图3-2 商埠地范围图（沈阳市档案馆）

[14] 图3-3 商埠地正界建设图（最新实测奉天省城全图）

[15] 图3-4 马车铁道图（根据《中国记忆》改绘）

[16] 图3-5 晚清政府时期沈阳城市格局图（沈阳市档案馆）

[17] 图3-6 日本领事馆（《中国记忆》）

第四章

[18] 图4-1 "南满洲"铁道株式会社总部（《南满洲写真帖》）

[19] 图4-2 1908年长春附属地平面图（《伪满洲国首都规划》）

[20] 图4-3 1908年奉天附属地平面图（辽宁省图书馆）

［21］图4-4　长春附属地规划图（《近代沈阳城市形态研究》）

［22］图4-5　大石桥附属地规划图（《近代沈阳城市形态研究》）

［23］图4-6　中日合办马车铁道公司（辽宁省图书馆）

［24］图4-7　奉天居留民会时期公共建筑（《南满洲写真帖》）

［25］图4-8　"满铁"奉天地方事务所（《南满洲写真帖》）

［26］图4-9　奉天附属地平面图（根据《奉天明细大地图》改绘）

［27］图4-10　中华路（《中国记忆》）

［28］图4-11　奉天驿站前广场（《中国记忆》）

［29］图4-12　中央大广场全景图（《满洲国产业の要枢——大都奉天》）

［30］图4-13　春日公园（《中国记忆》）

［31］图4-14　千代田公园（《昭和初年の奉天市の風景を載せた絵葉書》）

［32］图4-15　奉天附属地近代建筑（《昭和初年の奉天市の風景を載せた絵葉書》）

［33］图4-16　1936年奉天附属地平面图（《日本在中国的占领地的城市规划历史研究》）

［34］图4-17　鞍山附属地平面图（《近代沈阳城市形态研究》）

［35］图4-18　安东附属地鸟瞰图（日绘近代中国都市鸟瞰图）

［36］图4-19　中央大广场权力空间图（1936年《满洲日日新闻》附录《奉天明细大地图》）

［37］图4-20　大同广场与大同大街（"新京"风景彩色明信片）

［38］图4-21　1934年奉天鸟瞰图（日绘近代中国都市鸟瞰图）

［39］图4-22　奉天城市风貌比较图（《满洲国产业の要枢——大都奉天》）

［40］图4-23　台南市区改正图（《日本在中国的占领地的城市规划历史研究》）

第五章

［41］图5-1　张作霖（《张作霖在东北》）

［42］图5-2　奉天市政公所（《中國戰前絵葉書データベース》）

［43］图5-3　1889年东京市区改正规划（《东京近代城市规划：从明治维新到大正民主》）

［44］图5-4　部分拆毁建筑（《中国记忆》）

［45］图5-5　奉系时期马路建设示意图（《沈阳近代建设管理机构研究》）

［46］图5-6　万泉公园与奉天公园（《中国记忆》）

［47］图5-7　北陵公园与东陵公园（《满洲国产业の要枢——大都奉天》）

［48］图5-8　1925—1931年沈阳城市公共交通示意图（根据沈阳公交网改绘）

［49］图5-9　奉天四平街（《中國戰前絵葉書データベース》）

［50］图5-10　帅府西院红楼群（拍摄）

［51］图5-11　商埠地道路建设图（根据资料改绘）

［52］图5-12　南市场八卦街平面图（根据fotoe图片改绘）

［53］图5-13　商埠地沿街建筑与道路关系图（《断裂的建筑近代化进程——1903—1931年奉天商埠地建筑制度研究》）

［54］图5-14　汤玉麟公馆（拍摄）

［55］图5-15　英国汇丰银行奉天支行（拍摄）

［56］图5-16　大东工业区平面图（《近代沈阳城市形态研究》）

［57］图5-17　西北工业区道路示意图（根据资料改绘）

［58］图5-18　奉海工业区平面图（辽宁省图书馆）

［59］图5-19　1923年东省特别区哈尔滨规划全图（哈尔滨市图书馆）

［60］图5-20　近代天津城市格局图（根据1917年天津新市区图改绘）

［61］图5-21　奉系时期沈阳城市格局图（根据资料改绘）

第六章

［62］图6-1　1937年伪满洲国政府机构组成（《伪满洲国的真相——中日学者共同研究》）

［63］图6-2　伪满洲国城市规划行政组织图（《日本在中国的占领地的城市规划历史研究》）

［64］图6-3　东北沦陷时期沈阳县分区图（辽宁省图书馆）

［65］图6-4　东北沦陷时期奉天城市规划范围图（辽宁省图书馆）

［66］图6-5　奉天城市用地规划图（辽宁省图书馆）

［67］图6-6　奉天城市水运规划示意图（《近代沈阳城市形态研究》）

［68］图6-7　奉天城市规划主要干线道路及铁路整治规划（《日本在中国的占领地的城市规划历史研究》）

［69］图6-8　奉天地铁计划路线图（http://yhb43.blog.163.com）

［70］图6-9　奉天公共交通路线图（http://yhb43.blog.163.com）

［71］图6-10　1938年奉天市行政区划图（《城市记忆》）

［72］图6-11　奉天工业土地股份有限公司经营街市计划图（辽宁省图书馆）

［73］图6-12　铁西工业区近代工业用地分布图（《近代沈阳城市形态研究》）

［74］图6-13　"新京"政治区规划平面图（《长春近代建筑》）

［75］图6-14　1934年牡丹江市城市规划图（《日本在中国的占领地的城市规划历史研究》）

［76］图6-15　1934年哈尔滨城市规划图（《日本在中国的占领地的城市规划历史研究》）

［77］图6-16　1936年哈尔滨都邑规划范围图（《日本在中国的占领地的城市规划历史研究》）

［78］图6-17　奉天"满铁"社宅区规划平面图（《30年代沈阳"满铁"社宅的现代规划》）

［79］图6-18　"满铁"住宅区规划图（《日本在中国的占领地的城市规划历史研究》）